Arnold Hanslmeier

Kosmische Katastrophen

Weltuntergänge?
Was sagt die Wissenschaft dazu?

Autor und Herausgeber: Univ. Prof. Dr. Arnold Hanslmeier
Titelbild: Credit: American Museum of Natural History
Gesamtherstellung: Vehling Medienservice und Verlag GmbH

A-8010 Graz, Conrad von Hötzendorfstraße 121

ISBN: 978-3-85333-200-9

Inhalt

Kapitel 1: Katastrophen in der frühen Erdgeschichte 9

1.1 Ein Planetensystem entsteht 9
Kollabierende Gaswolken 9
Die Sonne entsteht 10
Beobachtung der Entstehung
von Sternen und Planeten 11
Sternhaufen 12
Kosmische Katastrophen und Kollaps? 13
Das Sonnensystem –
Resultat einer Sternkollision? 14
Die Entstehung der Planeten 15
1.2 Das kosmische Bombardement 16
Das kosmische Bombardement 16
Das Zweite kosmische Bombardement 18
Das Ende des Bombardments 19
1.3 Die Entstehung des Erdmondes 20
Doppelplanet Erde-Mond 20
Entstehung des Mondes 20
Zusammenstoß mit Theia 21
1.4 Andere Katastrophen im frühen Sonnensystem 23
Das Rätsel der Venus 23
Pluto – Ein Doppelzwergplanet 24
Uranus – ein Planet der um die Sonne rollt 25
Planeten verdampfen 25
1.5 Extrasolare Planetensysteme 26
Entdeckung extrasolarer Planeten 26
Katastrophen in extrasolaren Planetensystemen 27
1.6 Entwicklung des Lebens auf der Erde 29
Black Smokers 29
Massensterben 30

Kapitel 2 : Die Stabilität des Sonnensystems 32

2.1 Planetenbahnen 32
Die Schleifenbewegung der Planeten 32
Die Kepler'schen Gesetze 33
2.2. Stabilität der Planetenbahnen 35

Newton und die Schwerkraft 35
Das Zweikörperproblem 36
Das N-Körperproblem 37
Der Weg ins Chaos 38
Ist unser Planetensystem chaotisch? 39
Die Erdbahn 40
Erdbeben und Verschiebungen der Erdachse 41
Eiszeiten 41
2.3 Der Mond und seine Wirkungen auf die Erde 43
Mondphasen und der Mensch 44
Mond und Erdbeben 46
Erdbeben 49
2.4 Planetenkonstellationen –
Erdbeben und andere Katastrophen? 50
Zerreißen Planeten die Erde? 52
Schwerkraft und Gezeitenkraft 54
Die Erde wird zerrissen,
Weltuntergang im Jahre 2000 55
Planetenstellungen und Erdbeben 56
Der Supermond 56
2.5 Woher stammen die Planetenringe? 57
Abstürzende Marsmonde 58
Ein großer Mond stürzt auf Neptun 60

Kapitel 3: Sonne und Erde im Kosmos 61

3.1. Unsere kosmische Heimat 61
Die Milchstraße 61
Die Form der Milchstraße 62
Galaxien außerhalb der Milchstraße? 64
Wo stehen wir? 65
3.2 Die Reise um das Milchstraßenzentrum 66
Das Zentrum der Milchstraße 66
Die Rotation von Galaxien – dunkle Materie 68
Kosmische Katastrophen durch
Sonnenbewegung 69
Spiralarme 70
3.3. Galaxienkollisionen 72
Die Anordnung von Galaxien,
die lokale Gruppe 72
Der Virgo Haufen 72

Galaxienkollisionen –
die ultimative kosmische Katastrophe? 73
Galaxienzusammenstöße 76
3.4. Ein Sternenleben 77
Leben und Vergehen der Sterne 77
Neutronensterne, Weiße Zwerge, Schwarze Löcher 78

4.Kapitel: Kosmische Katastrophen und Prophezeiungen 80

4.1. Nostradamus 80
Nostradamus – Legenden und Tatsachen 81
Die Prophezeiungen des Nostradamus 82
4.2. Weltuntergänge in verschiedenen Religionen 84
Die Hopi Indianer 84
Weltuntergang im Judentum 85
Weltuntergang im Islam 85
Hinduismus 86
Die vier Weltzeitalter im Hinduismus 88
Nirwana 89
Buddhismus und das Ende der Welt 89
Weltuntergang in der chinesischen Religion 91
Weltuntergang 1999 92
Heaven's Gate 92
Weltuntergang 2012 – auf nach Bugarach 93
Die zwölf Kristallschädel
und der Weltuntergang 2012 95
Christentum und Weltuntergang 96
4.3. Weltuntergänge und die Filmindustrie 98
Der Tag an dem die Erde stillstand 98
The Day After Tomorrow, am Tag danach 98
Was sagt die Wissenschaft zu diesem Szenario? 99
The Core 100
Armageddon 101
Deep Impact 101

Kapitel 5: Kalender und Weltuntergänge 103

5.1 Der Kalender der Maya 103
Statt Zehn Zwanzig 103
Die drei Maykalender 103
Kultur der Maya 105

Die Maya und das Universum 109
5.2 Die Azteken 110
5.3 Unser Kalender 111
Sonnen- und Mondkalender 112
Das Jahr in dem 10 Tage fehlten … 115

Kapitel 6. Gefahr von der Sonne? 115

6.1 Die Sonne unser Stern 115
Sonne und Leben 115
Sonne und Flecken 118
6.2. Eigenschaften der Sonne 118
Wie weit ist die Sonne entfernt? 118
Wie groß und wie massereich ist die Sonne? 119
Wie heiß ist es auf der Sonne? 120
Das Zentrum der Sonne 120
Geisterteilchen von der Sonne 121
Strahlungszone und Konvektionszone 122
Sonnenflecken 122
Die heiße Sonnenatmosphäre 123
6.3. Die aktive Sonne 123
Der Sonnenfleckenzyklus 124
Die Sonnenaktivität 124
Flares und koronale Massenauswürfe 126
Der Sonnenwind 126
6.4. Das Weltraumwetter 126
Die Sonne blitzt auf 127
Satelliten stürzen ab, Gefahr für Astronauten 128
6.5. Gefahr für die Erde? 128
Polarlichter 128
Stromausfälle 128
Sonne und Funkverkehr 128
6.6 Beeinflusst die Sonnenaktivität unser Klima? 131
Die kleine Eiszeit 131
Sonne und Wetter 132

Kapitel 7. Einschläge von Asteroiden und Kometen 134

7.1 Asteroiden 134
Eine Lücke im Planetensystem 134
Wie viele Asteroiden gibt es tatsächlich? 135

Die Bahnen der Asteroiden 136
Erdnahe Asteroiden 137
Bedrohungen für die Erde?
Weltuntergang 2029? 138
7.2 Kometen 140
Kometen als Unheilsbringer 140
Woher kommen Kometen 140
Der Halley'sche Komet 141
Weshalb sind Kometen für
die Forschung interessant? 142
Welchen Namen erhalten Kometen? 142
Kometenfamilien 143
Kometen zerbrechen 143
Deep Impact, ein Komet wird getroffen 145
7.3. Wann kommt der nächste Einschlag? 145
Unberechenbare Kometen 145
Tunguska – Besuch von Außerirdischen? 146
Peru 2007 148
Sikhote Alin 149
Barringer Krater 149

Kapitel 8. Weltuntergang 2012? 150

8.1. Die Planeten im Jahre 2012 150
Am Abendhimmel oder am Morgenhimmel? 150
Sichtbarkeit der Planeten 2012 151
8.2. Finsternisse 152
Wann gibt es eine Finsternis? 152
Finsternisse 2012 152
8.3. Besondere Stellungen der Planeten 2012 153
Erdnähe, Erdferne 153
Knotendurchgänge 154
Konjunktionen 154
Weltuntergang 21.12.2012

Fußnoten 156

Kapitel 1:

Katastrophen in der frühen Erdgeschichte

1.1 Ein Planetensystem entsteht

Kollabierende Gaswolken

Der Raum zwischen den Sternen ist nicht leer, sondern erfüllt mit interstellarer Materie die aus Gas und Staub besteht. Vor etwa 4,6 Milliarden Jahren ereignete sich etwas fast Alltägliches: etwa 30 000 Lichtjahre vom Zentrum unserer Milchstraße, die mehrere hundert Milliarden Sterne enthält, existierte eine von vielen Gaswolken. Diese Wolke aus Gas und Staub wurde gravitationsinstabil, sie begann sich unter dem Einfluss der eigenen Schwerkraft zusammenzuziehen. Interstellare Gaswolken besitzen eine Ausdehnung von mehreren Lichtjahren. Ein Lichtjahr ist die Distanz, die das Licht in einem Jahr zurücklegt. Das ist eine unvorstellbar große Strecke. Pro Sekunde breitet sich Licht etwa 300 000 km weit aus. Während einer Sekunde könnte ein Lichtstrahl achtmal die Erde umlaufen. Pro Jahr sind das dann fast 10 Billionen km. Entfernungen in der Astronomie gibt man oft in Lichtjahren an. Eine Gas- und Staubwolke mit bis zu mehreren hundert Lichtjahren Durchmesser enthält also eine sehr große Masse, aber man muss bedenken, dass die Materiedichte sehr gering ist, man würde es fast als Vakuum bezeichnen. Eine typische Wolke enthält bis zu 10000 Sonnenmassen. Die Masse unserer Sonne dient, wie das Kilogramm im alltäglichen Leben als Maßeinheit. Die Masse der Sonne beträgt etwa 2 x 10^{30} kg, also

2x 1000 000 000 000 000 000 000 000 000 000 kg

Das sind etwa 330 000 Erdmassen. Die Gasteilchen in der Wolke sind in Bewegung, die Temperatur auf Grund dieser Bewegung ist aber nur bis etwa 50 Grad über dem absoluten Nullpunkt (dieser liegt bei -273 Grad, das wird auch als Null Grad Kelvin, 0 K, bezeichnet). Beispiele für solche Gas- und Staubwolken gibt es viele am Himmel. Ein sehr bekanntes Beispiel für eine sogenannte Star Forming Region, also eine Region in der gerade aus dem Gas/Staubnebel Sterne entstehen ist der berühmte Orionnebel.

Abb.1:
Orionnebel. Dieser etwa 1200 Lichtjahre entfernte Gasnebel ist eines der am meisten untersuchten Sternentstehungsgebiete. Foto: Spitzer Weltraumteleskop, NASA

Die Sonne entsteht

Doch zurück zu unserer kollabierenden Gaswolke. Der Kollaps geht nicht gleichmäßig vor sich, sondern die Wolke zerfällt in kleinere Wolken, man nennt dies Fragmentation. Diese Fragmente können sich nochmals unterteilen. Letztlich hat man also viele derartige kleine Wolkenfragmente die kollabieren. Betrachten wir nun eine solche einzelne Wolke. Im Zentrum dieser Wolke wird die Materie immer dichter und auch langsam wärmer. Es bildet sich ein kugelförmiger Gasball, ein Protostern ist geboren. Zunächst leuchtet er nur sehr schwach im Infrarot, später aber nach einigen Millionen Jahren wird aus ihm ein normaler Stern. Der Kollaps des Protosterns ist gestoppt, sobald in seinem Kernbereich die Kernfusion zündet: Wasserstoffatome verschmelzen zu Heliumatomen, dabei wird Energie frei.

Auf diese Weise ist unser Sonnensystem vor etwa 4,6 Milliarden Jahren entstanden. Wie lange dauert es, bis sich aus einer Gaswolke ein Stern herauskristallisiert? Die Bildung eines Sternes aus einer Gaswolke ist ein relativ rascher Prozess von wenigen Millionen Jahren. Etwa 99,9% der Materie einer solchen Wolke sind in dem neu entstandenen Stern konzentriert. Doch für uns nicht unbedeutend ist: was passierte mit den restlichen 0,1 %? Daraus entstanden die Planeten. Auf ähnliche Weise wie sich Sterne bilden, formen sich Planeten aus der Restmasse, die den Stern umkreist. Aber insgesamt macht die Masse aller Planeten und anderer Körper im Sonnensystem nur etwa 0,1% der Masse der Sonne aus. Planeten und Sterne entstehen daher fast gleichzeitig. Im Sonnensystem gibt es noch eine Besonderheit: in der Nähe der Sonne bildeten sich die erdähnlichen Planeten (terrestrische Planeten, Merkur, Venus, Erde und Mars) mit festen Oberflächen, weiter weg von der Sonne die Gasplaneten (Jupiter, Saturn, Uranus und Neptun) die Gaskugeln sind, aber ebenso einen festen Kern aufweisen.

Beobachtung der Entstehung von Sternen und Planeten

Gibt es Hinweise für die Richtigkeit dieses Szenarios? Die erste Gruppe von Hinweisen folgt aus den Gesetzmäßigkeiten bzw. Besonderheiten der Bewegung bzw. Lage der Objekte des Sonnensystems. Alle Planeten, Zwergplaneten, Kleinplaneten befinden sich praktisch in einer Ebene (nahe der Erdbahnebene, Ekliptik). Man spricht von koplanaren Planetenbahnen.

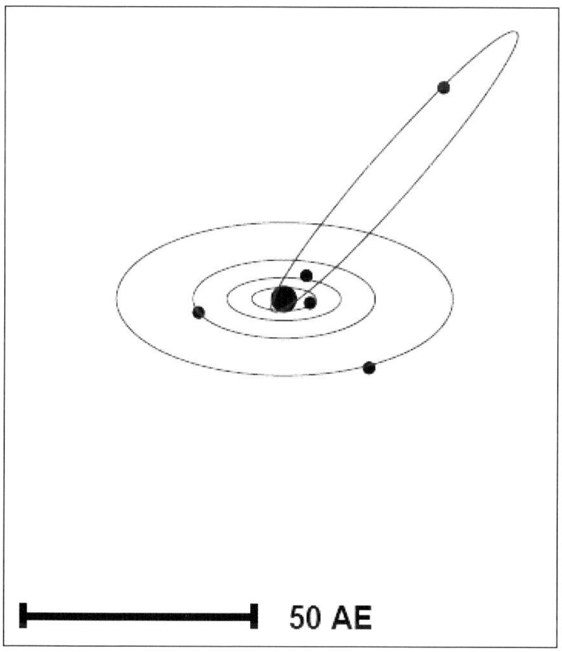

Abb.2: Die Planetenbahnen befinden sich in einer Ebene, eingezeichnet ist auch eine Kometenbahn, die außerhalb dieser Ebene liegen kann.
1 AE ist die mittlere Entfernung Erde-Sonne

Weiters bewegen sich alle Planeten im selben Sinne um die Sonne und auch ihre Rotation um die eigene Achse ist, bis auf zwei Ausnahmen, im selben Sinne. Dies kann man leicht erklären unter der Annahme einer immer schneller rotierenden sich zusammenziehenden Gaswolke. Eine kontrahierende Gaswolke wird wegen der Drehimpulserhaltung immer schneller rotieren. Das physikalische Gesetz der Drehimpulserhaltung kennen wir alle. Stellen wir uns eine Eiskunstläuferin vor, die eine Pirouette vorbereitet. Zunächst beginnt sie sich bei ausgestreckten Armen zu drehen. Sie beschleunigt diese Drehung durch Anwinkeln der Arme und dreht sich immer schneller. Dasselbe passiert beim Kollaps einer Wolke.

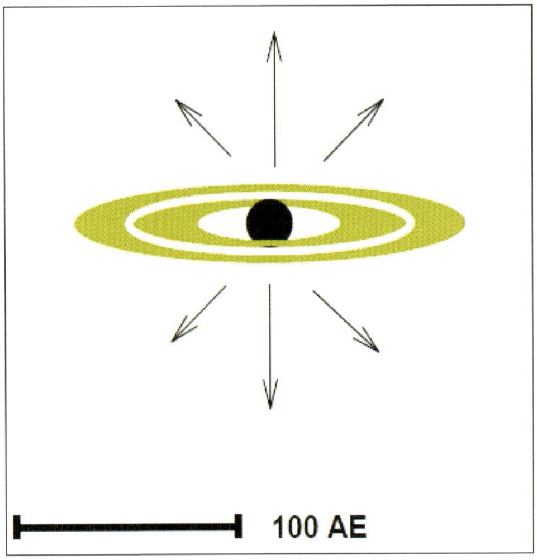

Abb.3: Bildung eines Protosterns im Zentrum einer kontrahierenden Gaswolke

Eine schneller rotierende Wolke bewirkt eine Abplattung durch die dabei auftretenden Fliehkräfte. Die Wolke wird also immer langgestreckter und im Zentrum bildet sich eine zentrale Verdickung und die Protosonne. Dies erklärt auf einfache Art und Weise die beobachteten koplanaren Planetenbahnen im Sonnensystem. Auch wird klar, dass sich die Planeten alle im selben Sinn um den Protostern bewegen müssen. Weitere Hinweise für die Entstehung von Planetensystemen findet man aus Beobachtungen. Es gibt am Himmel zahlreiche Sternentstehungsgebiete, star forming regions genannt. In den wunderschön leuchtenden Gasnebeln beobachtet man Verdichtungen, aus denen sich neue Planetensysteme entwickeln. Damit ist auch klar, dass die Bildung neuer Sterne und Planetensysteme erstens ein ganz normaler Vorgang im Universum ist und zweitens nicht in der Vergangenheit abgeschlossen wurde sondern auch heute noch stattfindet.

Sternhaufen

Kehren wir nochmals zu unserem Szenario zurück. Mehrere durch Fragmentation entstandene Wolken verdichten sich. Sterne entstehen daher immer in Gruppen. Man beobachtet in der Milchstraße und anderen Galaxien sogenannte offene Sternhaufen, das sind Ansammlungen von einigen 100 Sternen, meist sind um diese Sterne noch diffuse Gas- und Staubwolken er-

Abb.4: Sternhaufen der Plejaden (im Sternbild Stier). Man sieht noch Gasreste um die nur wenige Millionen Jahre alten Sterne. Die Plejaden (Siebengestirn genannt) sind etwa 440 Lichtjahre von uns entfernt. Aufnahme Hubble Space Teleskop.

kennbar. Sterne entstehen also immer in Gruppen oder Sternhaufen. Diese offenen Sternhaufen lösen sich aber im Laufe der Zeit (nach einigen Millionen Jahren) auf. Deshalb wissen wir nicht mehr, welche Sterne am Himmel aus derselben Wolke wie unsere Sonne entstanden sind. Durch den Strahlungsdruck junger heißer massereicher Sterne wird der Großteil der in einem jungen Sternhaufen verbleibenden interstellaren Materie quasi weggeblasen. Oft findet man um junge Sterne herum noch Reste des Nebels.

Kosmische Katastrophen und Kollaps?

Die Bildung neuer Sterne ist also an den Kollaps großer interstellarer Gaswolken gebunden. Diese sind sehr kalt (Temperaturen nur etwa 10 bis 40 Grad oberhalb des absoluten Nullpunktes von -273 Grad) und von geringer Dichte. Die Teilchen des Gases bzw. die Staubteilchen sind nur wenig in Bewegung und ein Kollaps daher sehr unwahrschein-

Abb.5: Aufnahme einer Galaxie UGC 1810, Entfernung 340 Millionen Lichtjahre. Galaxien bestehen aus mehreren hundert Milliarden Sternen. Auf dem Bild sieht man auch viele kleinere (weil weit entfernter) Galaxien. Aufnahme: Hubble Space Teleskop.

lich. Damit eine solche Wolke instabil wird, bedarf es eines Anstoßes von außen. Ideal ist, und da sind wir bereits bei der ersten kosmischen Katastrophe, wenn in der Nähe der Wolke ein Stern explodiert, eine Nova oder eine Supernova. Wir werden diese Phänomene noch genauer besprechen. Bei einer solchen Supernova entwickelt sich eine Stoßwelle, die die Materie in der Wolke zusammendrückt und deshalb wird die Wolke instabil. Neue Sterne entstehen also wenn alte in der Nähe am Ende ihrer Entwicklung sterben (durch eine Supernovaexplosion). Es gibt aber auch andere Möglichkeiten wie die Bildung von Sternen angeregt wird. Galaxien können miteinander kollidieren. Eine wahrhaft kosmische Katastrophe. Allerdings sind die Abstände zwischen den Sternen sehr groß, eine Kollision der Sterne untereinander ist sehr unwahrscheinlich. In einigen Milliarden Jahren wird unsere kosmische Heimatgalaxie, die Milchstraße, mit ihrer Nachbargalaxie, der Andromedagalaxie, zusammenstoßen. Dabei wird ebenfalls interstellare Materie verdichtet und die Sternentstehungsrate deutlich erhöht. Man spricht dann auch von einem starburst, wenn plötzlich relativ viele Sterne in kurzer Zeit gebildet werden. Eine weitere Möglichkeit eine Gaswolke zu einer Kontraktion zu bringen sind Turbulenzen, die sich ergeben weil alle Materie sich um das Zentrum einer Galaxie bewegt. Auch das Magnetfeld einer Galaxie kann hier eine Rolle spielen.

Das Sonnensystem – Resultat einer Sternkollision?
Eine alte Theorie besagt, dass unser Sonnensystem durch die Kollision unserer Sonne mit einem Stern entstanden sei. Diese Überlegung geht zurück auf Chamberlain und Moulton und wurde zu Beginn des 20. Jahrhunderts aufgestellt. Bei der Kollision der beiden Sterne wurde Materie herausgerissen und daraus bildete sich das Planetensystem. Eine Abschätzung zeigt, dass diese Theorie sehr unwahrscheinlich ist. Die Abstände zwischen den Sternen sind sehr groß. Der Durchmesser unserer Sonne beträgt 1,4 Millionen km, der nächste Stern ist aber mehr als 40 Billionen km entfernt, also ist seine Entfernung etwa das 28 Millionenfache des Durchmessers der Sonne oder das 266 000 fache der Entfernung Erde-Sonne. Wenn auf diese Weise Planetensysteme entstehen, dann würden sie in einer Galaxie relativ selten sein. Wir kennen aber durch Beobachtungen bereits mehr als 500 extrasolare Planetensysteme. Deshalb kann man sagen: Planetensysteme bilden sich ganz normal bei der Sternentstehung. Das hat natürlich auch Konsequenzen bei der Suche nach möglichen habitablen Exoplaneten, also bewohnbaren Planeten außerhalb unseres Sonnensystems.

Die Entstehung der Planeten

In der Frühphase eines Planetensystems herrschten völlig andere Bedingungen als heute. Die Planeten entstanden aus sogenannten Planetesimalen, das sind Meter bis Kilometer große Materiebrocken die sich verdichten. Die Ebene des Planetensystems war überfüllt mit solchen Objekten und es gab unzählige Kollisionen aus denen sich dann die großen Planeten bildeten.

Planeten sind aus dem Sonnennebel entstanden als dieser nur mehr eine Ausdehnung von etwa 200 AE besaß. Ein AE bedeutet astronomische Einheit, die mittlere Entfernung Erde-Sonne, also etwa 150 Millionen km. Überall im Nebel gab es dieselbe chemische Zusammensetzung, 98 % Wasserstoff und Helium, nur etwa 2 % schwere Elemente. Die erdähnlichen Planeten haben sich in den inneren, sonnennäheren Bereichen des Nebels gebildet, die Riesenplaneten (jovianische Planeten oder Gasplaneten) entstanden in den kälteren äußeren Bereichen. Während die Formation der Sonne fast abgeschlossen war, kreiste um diese herum ein Nebel aus kleinen Teilchen, die sich immer mehr zu größeren zusammenklumpten. Es ist ähnlich wie bei einer Kondensation: Teilchen haben sich aus dem Gas kondensiert. Dabei spielt die Temperatur eine große Rolle. Wasserstoff und Heliumgas kondensierten bei den Bedingungen des Urnebels nie, Wasserstoffverbindungen (1,4% des Urnebels) also z.B. Wasser, Methan, Ammoniak können sich bei geringen Temperaturen zu Eis verfestigen. Gestein (0,4 % des solaren Urnebels) ist bei hohen Temperaturen gasförmig, kondensiert aber je nach Art zwischen 500 und 1300 K zu festen Mineralteilchen. Metalle (0,2% des solaren Urnebels) wie Eisen, Nickel und Aluminium sind bei hohen Temperaturen ebenfalls gasförmig und kondensieren bei 1000 bis 1600 K. Man sieht also, dass Wasserstoffverbindungen im Sonnensystem nur jenseits der Frostgrenze kondensieren konnten. Diese Frostgrenze kennzeichnet den Übergang zwischen den warmen inneren Regionen des Sonnensystems in dem sich die terrestrischen Planeten gebildet haben, und den kühlen äußeren Regionen, wo sich die jovianischen Planeten bildeten. Jenseits der Frostgrenze konnten Wasserstoffverbindungen zu Eis kondensieren. Da die Wasserstoffverbindungen im Nebel dreimal häufiger vorkamen als Metalle und Gesteine zusammen, war die Gesamtmenge festen Materials jenseits der Frostgrenze viel größer als innerhalb, deshalb sind die Gasplaneten viel massereicher als die erdähnlichen Planeten.

1.2 Das kosmische Bombardement

Wir versetzen uns in die Zeit vor etwa 4,5 Milliarden Jahren zurück. Die Bildung des Sonnensystems war praktisch abgeschlossen. Im Zentrum strahlte die Sonne als Stern, die großen Planeten haben sich fast fertig entwickelt. Aber es gab einen wesentlichen Unterschied zum heutigen Sonnensystem. Nicht die gesamte Materie hatte sich zu den Planeten akkumuliert. Zwischen den Planeten existierten noch viele unzählige kleinere und größere Gesteinsbrocken, auch Eisklumpen. Dieses Material stürzte in der Phase des kosmischen Bombardements auf die bereits gebildeten Planeten.

Das kosmische Bombardement

Vor etwa 4 Milliarden war die Erde sowie die inneren Planeten (also Merkur, Venus und Mars) einer Phase intensiver Kollisionen ausgesetzt, was als kosmisches Bombardement bezeichnet wird. Die großen Planeten hatten sich bereits gebildet, aber es gab noch sehr viele kleine Körper in der Ebene der Planetenbahnen die auf die Planeten einschlugen. Wie intensiv dieses Bombardement gewesen sein muss, lässt sich heute noch ablesen. Himmelskörper ohne eigene Atmosphäre besitzen praktische keine Erosion am Boden. Deshalb kann man z.B. auf unserem Erdmond oder auf dem sonnennächsten Planeten Merkur Kratereinschläge beobachten die aus dieser Zeit stammen. Die Krater auf dem Mond sind also Zeugen dieser Phase. Aber auch die anderen Planeten zeigen auf ihren Oberflächen solche Kraternarben, besonders deutlich wie bereits erwähnt auf Merkur, weniger deutlich weil, infolge der dünnen Atmosphäre, verwischt, auf Mars. Sogar die Oberfläche der Monde der Riesenplaneten ist mit Einschlagkratern übersät.

Unsere Erde ist größer als der Mond und war somit ein besseres Ziel für solche Impakte. Außerdem ist die Anziehung durch die Erde größer und sie fängt somit mehr an Material ein. Aber wo sind die Einschlagkrater auf der Erde zu finden? Seit dem kosmischen Bombardement sind etwa 4 Milliarden Jahre vergangen. Aus diesem Grunde finden sich aus dieser Zeit praktisch keine Spuren mehr, da auf der Erde Kratereinschläge durch Erosion (Wasser, Wind, Frost) und deren Spuren im Laufe der Zeit verwischt werden. Außerdem wurde die Erdoberfläche durch tektonische Vorgänge umgeformt, es kam zu Lavaüberflutungen und weiteren Prozessen. Die Erdoberfläche wurde und wird also immer wieder umgeformt.

Das kosmische Bombardement hatte noch einen anderen wichtigen

Abb.6: Die mit Kratern noch heute übersäte Mondoberfläche ist Resultat der Einschläge von Objekten vor mehr als 4 Milliarden Jahren.

Aspekt. Beim Einsturz eines Himmelskörpers auf die Erdoberfläche wird enorme Energie freigesetzt. Diese Energie zusammen mit dem radioaktiven Zerfall der Elemente bewirkte eine mit heißem Magma übersäte Erdoberfläche. Die Temperatur betrug an die 2000 K. Die Erde war daher nichts anderes als ein heiß glühender flüssiger Lavaball. Dennoch begann sie sich abzukühlen da im Laufe der Zeit die Einschläge seltener wurden. Schließlich kondensierte der Wasserdampf, es bildeten sich Wolken und durch den Regen erfolgte eine weitere Abkühlung. Trotzdem waren Einschläge recht häufig. Man kann zeigen, dass der Einschlag eines etwa 5 km großen Asteroiden ausgereicht haben muss, um die gesamten Ozeane zu verdampfen. Das Wasser blieb in der Erdatmosphäre und begann langsam wieder niederzuregnen.

Das Zweite kosmische Bombardement

Vor etwa 4 Milliarden Jahren war die erste Phase des Bombardements abgeschlossen, danach gab es ein kurzzeitiges Absinken der Zahl der Einschläge. Interessanterweise ereignete sich aber später eine zweite Phase von intensiven Einschlägen oder Impakten. Dies wird als zweites kosmisches Bombardement bezeichnet. Die Einschläge waren weniger zahlreich, dafür aber umso heftiger, das bedeutet, die einschlagenden Objekte waren größer. Überreste des Bombardements (vor 4,0 bis 3,8 Milliarden Jahre) finden sich auf dem Mond, z.B. entstanden auch die riesigen Einschlagbecken, die heute als Mondmeere (Maria) bekannt sind, oder auf Merkur, wo das Caloris Becken ein durch ein asteroidenartiges Objekt hervorgerufenes Einschlagbecken ist. Das Caloris Becken auf Merkur besitzt eine Ausdehnung von etwa 1500km. Es dürfte vor etwa 3,9 Milliarden Jahren durch den Einschlag eines Asteroiden von 100 bis 150 km Durchmesser gebildet worden sein. Das Beckeninnere wurde anschließend mit Magma aufgefüllt. Auch das Regenmeer auf dem Mond (Mare Imbrium) entstand vor 3,8 bis 3,9 Milliarden Jahren. Der Durchmesser beträgt etwa 1100 km. Die Fläche beträgt etwa das Doppelte der Fläche Deutschlands. Vor zwischen 3,7 bis 3,2 Milliarden Jahren füllte sich das Becken mit Magma, deshalb erscheint die dunkle basaltartige Oberfläche sehr flach.

Von den Einschlägen auf anderen Himmelskörpern kann man auch auf Einschläge auf der Erde in dieser Zeit schließen. Abschätzungen zeigen, dass die Erde in diesem Zeitraum etwa 22 000 Krater erhalten hat, die größer als 20 km sind, 40 Impakt Bassins dürften größer als 1 000km gewesen sein, einige sogar bis etwa 5000 km Durchmesser. Die eintreffenden Objekte haben dabei eine Geschwindigkeit von etwa 30 km/s.

Abb. 7: Aufnahme des Vollmondes. Die dunklen Flecken sind riesige Einschlagbecken, die vor etwa 4 Milliarden Jahren durch Einschläge asteroidengroßer Körper entstanden sind.

Generell kann man also sagen, dass unsere Erde in der Zeit vor 4,5 – 3,8 Milliarden Jahren kein sicherer Planet war, was für das gesamte Sonnensystem gilt. Einschlagkrater aus dieser Zeit findet man sowohl bei Planeten in Sonnennähe wie Merkur, als auch bei Mars und sogar bei den großen Monden des Jupiter, Saturn, Uranus und Neptun. Die Kraterzählungen passen bei all diesen Objekten sehr gut mit den Vorstellungen über das kosmische Bombardement überein. Die Bedingungen auf unserer Erde dürften also in der ersten Phase extrem lebensfeindlich gewesen sein; falls sich in der Frühphase überhaupt Leben entwickeln konnte, ist es sehr wahrscheinlich, dass dieses durch die häufigen Einschläge auch wieder rasch ausgelöscht wurde.

Das Ende des Bombardements

Ein großer Teil des im Sonnennebel vorhandenen Wasserstoffs und Heliums wurde nie Teil eines Planeten. Da man aber heute kaum Gas zwischen den Planeten findet, muss es durch irgendeinen Mechanismus aus dem Sonnensystem hinausgefegt worden sein. Man nimmt heute an, dass dafür der Sonnenwind, ein Strom geladener Teilchen, die sich von der Sonne weg bewegen, sowie der Strahlungsdruck der Sonne verantwortlich waren. Man kennt auch bei anderen Sternen stellare Winde. Deren Intensität ist vor allem in der Frühphase der Entwicklung eines Sternes wesentlich größer als später. Daher könnte auch unsere Sonne in ihren jungen Jahren einen sehr starken Sonnenwind gehabt haben, welcher die bei der Planetenentstehung verbliebene Materie quasi weggeblasen hat. Dieser schnelle Sonnenwind hat auch die Rotation der Sonne abgebremst. Die junge Sonne rotierte schneller als heute – infolge der Drehimpulserhaltung. Bei der schnellen Rotation wird ein Magnetfeld erzeugt, das viel stärker war als das heutige Magnetfeld der Sonne. Dieses Magnetfeld war die Hauptursache des Sonnenwindes. Durch die Rotation der Sonne werden geladene Teilchen entlang der Magnetfeldlinien beschleunigt.

1.3 Die Entstehung des Erdmondes

Doppelplanet Erde-Mond

Der Mond ist im Vergleich zur Erde relativ groß: der Durchmesser der Erde beträgt 12 756 km, der des Mondes 3476 km, also etwa ¼ des Erddurchmessers. Damit ist der Mond im Vergleich zur Erde eher als Planet einzustufen, man spricht manchmal auch von einem Doppelplaneten. Die mittlere Dichte der Erde beträgt 5515 kg/m^3, die des Mondes aber nur 3341 kg/m^3. Die Masse des Mondes ist nur etwa 1/81 der Erdmasse. Die Bahn des Mondes um die Erde ist elliptisch, seine mittlere Entfernung zur Erde beträgt 384 400 km. Die Mondbahn ist um 6 Grad gegen die Erdbahnebene geneigt. Von den acht großen Planeten des Sonnensystems besitzt die Erde im Vergleich zu ihrer eigenen Größe den größten Mond. Es gibt zwar größere Monde im Sonnensystem (z.B. Ganymed, ein Mond des Jupiter), jedoch sind diese im Vergleich zu ihrem Mutterplaneten sehr klein.

Entstehung des Mondes

Die Entstehung des Mondes war immer umstritten und es gab im Wesentlichen drei Theorien:

(a) Der Mond ist gleichzeitig mit der Erde entstanden, Erde und Mond bildeten also bereits von Anfang an eine Art Doppelplaneten.

(b) Der Mond wurde erst später nach Bildung der Erde eingefangen, er stammte ursprünglich aus dem Asteroidengürtel.

(c) Die letzte Theorie ging von einer Kollision der Erde mit einem etwa marsgroßen Asteroiden (oder Planeten) aus, und aus Teilen der Erde und dieses unbekannten Objektes habe sich dann der Mond gebildet.

Um eine dieser Theorien genauer zu prüfen, müssen wir einige wichtige Beobachtungstatsachen was Erde und Mond betrifft festhalten. Auf Grund dieses Dichteunterschiedes ist es schwer zu erklären, wie der Mond aus demselben Nebel entstanden sein könnte wie die Erde.

Seit Mitte der 80er Jahre des vorigen Jahrhunderts (Hartmann und Davis, 1975) gilt die letzte der drei Mondentstehungstheorien als die wahrscheinlichste. Die amerikanischen

Abb.8: Bemannte Mondlandung.
Die letzte bemannte Mondlandung war 1972.
Photo: NASA

bemannten Apollomissionen brachten mehr als 100kg Mondgestein zur Erde. Dieses wurde genau analysiert und es zeigten sich gewisse Ähnlichkeiten mit Gesteinen der Erdkruste. Ein Beispiel dafür sind die Sauerstoff-Isotopenverhätlnisse.[1] Meist verwendet man das Verhältnis ^{16}O zu ^{18}O. Die oben stehende Zahl gibt die Anzahl der Protonen und Neutronen im Kern an. Das Element Sauerstoff enthält immer 8 Protonen, also gibt es im Atomkern von ^{16}O acht zusätzliche Neutronen und im Kern von ^{18}O zehn zusätzliche Neutronen. Das Isotopenverhältnis bedeutet, dass Sauerstoff für die beiden Körper Erde und Mond aus einem gemeinsamen Reservoir stammen muss. Dies gilt nicht für die Sauerstoffisotopenverhältnisse wie man sie von Meteoriten her kennt. Als die Bildung der Erde praktisch abgeschlossen war, kollidierte sie mit einem Objekt das etwas größer als der jetzige Planet Mars war. Die beiden Objekte kollidierten unter einem Winkel von etwa 45 Grad (also fast streifend) mit einer Relativgeschwindigkeit von 14 400 km/h. Durch diesen Zusammenstoß wurde Materie freigesetzt. Der Mond besteht etwa zur Hälfte aus Erdmaterial und die andere Hälfte stammt vom kollidierenden Objekt. Der andere Teil des mit der Erde zusammen gestoßenen Objektes verschwand in der Erdkruste. Das Mondalter beträgt 4,527 Milliarden Jahre, wobei die Unsicherheit nur etwa 10 Millionen Jahre beträgt. Also fand die Kollision sehr früh statt.

Zusammenstoß mit Theia

Dieser unbekannte Planet, der mit der Erde vor etwa 4,5 Milliarden Jahren zusammenstieß, wird als Theia bezeichnet. Theia könnte an einem der sogenannten Lagrange Punkte L4 oder L5 entstanden sein. Diese Punkte sind Gleichgewichtspunkte im System Erde-Sonne. Sie bilden mit der Erde und der Sonne ein gleichseitiges Dreieck. Objekte, die sich an solchen Punkten aufhalten, haben sehr stabile Positionen solange ihre Masse eine gewisse Grenze nicht überschreitet. An den Lagrange-Punkten L4 undL5 heben sich die Gravitationskräfte von Erde und Sonne auf.

Abb. 9: Die Lagrange Gleichgewichtspunkte im System Erde und Sonne. Die Punkte L1 und L2 liegen nahe bei der Erde, der Punkt L3 nahe bei der Sonne, die beiden Punkte L4 und L5 bilden mit Erde und Sonne ein gleichseitiges Dreieck. An diesen Punkten könnte sich der Planet Theia gebildet haben ehe er vor 4,5 Milliarden Jahren mit der Erde zusammenstieß und dabei der Mond entstand.

Aber die Masse unseres Objektes in L4 oder L5 nahm zu, da ja zu dieser Zeit noch nicht genügend Materie für die Bildung der Planeten verbraucht war. Durch die Massenzunahme erreichte Theia etwa 10% der Erdmasse und dadurch war ihre Position nicht länger eine stabile. Das Ganze könnte sich innerhalb von nur 30-50 Millionen Jahren nach der Bildung des Sonnensystems abgespielt haben. Theia kollidierte mit der Erde. Eine wahrhaft kosmische Katastrophe für die frühe Erde! Ein weiterer Beweis für die Hypothese ist, dass in der Frühphase des Mondes dessen gesamte Oberfläche geschmolzen war oder zumindest sehr große Teile davon. Dies folgt aus der Einschlaghypothese ohne Probleme. Der Mond besitzt einen eisenreichen Kern, der jedoch nur ¼ des Mondradius beträgt. Bei den erdähnlichen Planeten Merkur, Venus, Erde und Mars beträgt die Ausdehnung dieses Kerns jedoch 50% des jeweiligen Planetenradius. Der Mond dürfte sich also hauptsächlich aus dem leichteren Material des Erdmantels und des Mantels des Impaktors gebildet haben. Der Kern von Theia sank in der Erde nach unten ab und vermengte sich mit dem Erdkern. Durch den Einschlag wurde das Material des Erdmantels hochgeschleudert und es vereinigte sich in weniger als 100 Jahren mit dem Mantelmaterial von Theia. Die Erde selbst bekam bei dieser Katastrophe Drehimpuls und Masse. Nach dem Impakt betrug die Rotationsperiode der Erde etwa 5 Stunden, ein Tag dauerte also nur etwa 1/5 so lange wie heute.

1.4 Andere Katastrophen im frühen Sonnensystem

Wir haben bereits aufgelistet, welche Beobachtungsbefunde für eine Entwicklung des Sonnensystems aus einer Gaswolke sprechen. Darunter fällt auch die Tatsache, dass alle Planeten im selben Sinne um die Sonne wandern und sich um die eigene Achse drehen wie die Sonne selbst. Doch Ausnahmen bestätigen die Regel.

Das Rätsel der Venus

Venus ist seit dem Altertum als strahlender Abend- oder Morgenstern bekannt. Sie ist ein innerer Planet, ihre Bahn verläuft innerhalb der Erdbahn. Steht sie östlich von der Sonne am Himmel, dann sieht man sie nach Sonnenuntergang im Westen als strahlenden Abendstern, steht sie hingegen westlich von der Sonne, dann leuchtet sie als Morgenstern. Nach Sonne und Mond ist Venus das hellste Objekt am Himmel. Manchmal kann sie von geübten Beobachtern sogar am Taghimmel gefunden werden.

Abb. 10: Planet Venus. Von der Erde sind kaum Oberflächeneinzelheiten zu erkennen infolge der dichten Wolkenhülle. Aufnahme: NASA

Astronomisch gesehen war unser Nachbarplanet lange Zeit ein Rätsel. Man konnte keinerlei Details auf ihrer Oberfläche beobachten. Venus ist ungefähr 100 Millionen km von der Sonne entfernt, das sind etwa 2/3 der Entfernung Erde-Sonne. Mit einem Durchmesser von 12100 km ist sie etwas kleiner als die Erde. Es gab Überlegungen wonach Venus auf Grund ihres geringeren Sonnenabstandes eine deutlich wärmere Oberfläche besitzen müsste als die Erde und sie deshalb von dichten Wolken aus Wasserdampf eingehüllt sei, die den Blick auf die Oberfläche verwehrten. Zunächst war nicht einmal klar, wie schnell Venus um ihre eigene Achse rotiert. Die ersten Messungen der Venusrotation gelangen mit Hilfe von Radarbeobachtungen von der Erde aus. Man sendete starke Radiosignale zu ihr und konnte mit sehr großen Antennen das reflektierte Signal messen. Auf diese Weise konnte man die Rotation der Venus ähnlich ermitteln wie man mit Hilfe des Radars Geschwindigkeitsmessungen an Kraftfahrzeugen vornimmt. Nun zeigte sich ein unerwartetes Verhalten. Der Nachbarplanet Venus besitzt eine retrograde Rotation, er rotiert entgegengesetzt zu seiner Bewegung um die Sonne. Neben der retrograden Rotation zeigt Venus noch eine weitere Besonderheit: sie rotiert sehr langsam. Relativ zu den Sternen beträgt ihre Rotationsperiode 243 Tage und ist sogar länger als ihr Umlauf um die Sonne. Die Ursache dafür ist nicht genau bekannt, doch könnte auch hier wieder in der Frühphase des Sonnensystems eine kosmische Katastrophe verantwortlich gewesen sein. Venus ist mit einem größeren Himmelskörper zusammengestoßen. Dadurch wurde die Rotationsachse der Venus gekippt und die Rotation stark abgebremst.

Pluto – Ein Doppelzwergplanet

Abb. 11: Pluto mit seinen Monden Charon sowie den Zwergmonden Nix und Hydra. Foto: Hubble Space Teleskop.

Pluto wird nicht mehr als Planet sondern als Zwergplanet gezählt. Sein Durchmesser beträgt 2390 km. Pluto rotiert in 6,38 Tagen einmal um die eigene Achse und seine Rotationsachse ist um 122,5 Grad gegen die Bahnebene geneigt. Pluto rotiert also ebenfalls rückläufig, retrograd. Charon ist der größte Mond Plutos, er besitzt einen Durchmesser von 1207 km, somit bilden beide Himmelskörper ein Zwergplanetenpaar. Der gemeinsame Schwerpunkt des Systems liegt außerhalb Plutos, beide kreisen also um den gemeinsamen Schwerpunkt, der nicht mehr im Inneren des Hauptkörpers liegt. Charon ist am wahrscheinlichsten durch eine Kollision eines größeren Objektes mit Pluto entstanden, was auch die anderen Besonderheiten erklären kann. Damit ist klar, dass es auch in den äußeren Bereichen des frühen Sonnensystems zu katastrophalen Einschlägen gekommen sein muss.

Uranus – ein Planet der um die Sonne rollt

Am 13. März 1781 wurde von Sir William Herschel mit einem 6 Zoll Spiegelteleskop der Planet Uranus entdeckt . Uranus ist nicht mehr mit freiem Auge zu beobachten, auf Grund seiner Sonnenferne. Uranus gehört zu den Gasplaneten. Sein Durchmesser beträgt 51400km er ist also etwa viermal so groß wie die Erde. Sein Abstand zur Sonne beträgt fast 3 Milliarden km (das ist der zwanzigfache Abstand Erde-Sonne). Er rotiert in 17 Stunden 14 Minuten einmal um seine Achse. Die Rotationsachse liegt fast in seiner Bahnebene. Die Achsenneigung beträgt 97,7 Grad, Uranus rotiert also rückläufig. Betrachtet man also die Bewegung des Uranus um die Sonne, so sieht dies eher nach einer Art rollenden Bewegung auf einer elliptischen Bahn aus. Uranus zeigt mit den Polen zur Sonne.

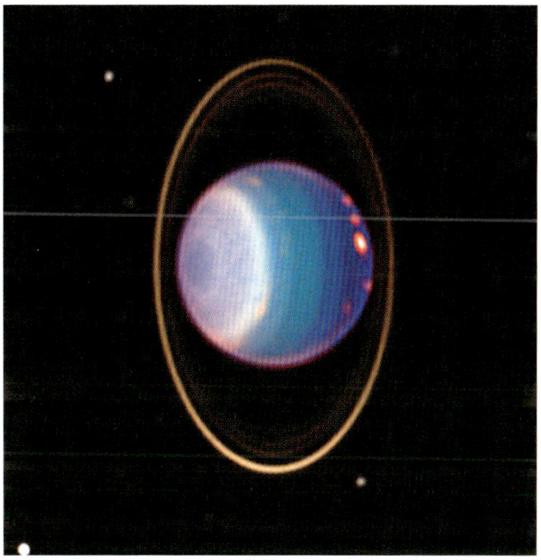

Abb. 12: Planet Uranus mit seinem Ringsystem, welches von der Erde aus gesehen ungewöhnlich um den Planeten herum erscheint wegen der großen Neigung der Rotationsachse. Foto: Hubble Space Teleskop

Planeten verdampfen

Wir sehen also, es gibt doch einige Besonderheiten der Planeten im Sonnensystem. Dazu könnte man auch noch die sehr hohe Dichte des sonnennächsten Planeten Merkur zählen. Es gibt Theorien, die besagen, dass erdähnliche Planeten früher wesentlich massereicher waren, also jupiterähnlich. Durch ihre relative Nähe zur Sonne verloren sie jedoch den Großteil dieser äußeren Atmosphärenhülle und übrig blieb ein relativ kleiner aber dichter Planet. Weitere Anomalien lassen sich, wie schon besprochen, durch Einschläge erklären. Bei Venus könnte auch deren dichte Atmosphäre eine Rolle gespielt haben und die retrograde Rotation erklären.

Um unser Sonnensystem und dessen Entwicklung besser verstehen zu können, müssen wir die neu entdeckten extrasolaren Planetensysteme genauer untersuchen.

1.5 Extrasolare Planetensysteme

Astronomen beschäftigen sich schon sehr lange mit der Frage, ob unser Sonnensystem mit seinen großen Planeten einzigartig im Kosmos ist oder ob es weitere Planetensysteme um Sterne gibt. Falls ja, wie häufig sind derartige Systeme? Eine erste Antwort darauf bietet die Sternentwicklung. Planetensysteme dürften sich relativ häufig bilden. Ein Problem könnte aber sein, wie stabil derartige Systeme wirklich sind. Sehr häufig bilden sich bei der Sternentstehung Doppelsterne. Planetenbahnen in einem solchen System sind nur in drei Bereichen stabil: um die beiden Komponenten des Systems selbst, d.h. ein Planet umkreist entweder den ersten oder zweiten Stern im System. Weitere stabile Systeme ergeben sich weit außerhalb der beiden Komponenten. Planeten auf solchen Bahnen sind jedoch keine geeigneten Kandidaten für habitable Planeten, weil sie sehr weit entfernt sind von ihren in diesem Falle zwei Muttersternen.

Entdeckung extrasolarer Planeten

Planeten leuchten im Unterschied zu den Sternen nicht selbst, sie reflektieren nur das Licht des Muttersterns. Die Helligkeit eines Planeten hängt von mehreren Faktoren ab: je größer der Planet, desto größer ist seine Oberfläche und damit seine Helligkeit. Aber auch die Beschaffenheit der Oberfläche spielt eine wesentliche Rolle. Man spricht von der Albedo, das ist ein Maß für das Rückstrahlungsvermögen eines Planeten. Helle Flächen besitzen eine hohe Albedo, z.B. Eis. Hier werden mehr als 40% des einfallenden Sonnenlichts zurückgestrahlt. Dunkles poröses Gestein (z.B. Basalt) hat nur eine geringe Albedo, fast die gesamte einfallende Strahlung wird absorbiert, die Oberfläche erscheint daher wesentlich dunkler. Natürlich spielt schließlich auch die Entfernung eines Planeten von seinem Mutterstern eine wichtige Rolle. Je weiter entfernt, desto weniger Licht fällt auf den Planeten.
Planeten leuchten wesentlich schwächer als der Stern um den sie kreisen. Stellen wir uns das Sonnensystem in der Entfernung des nächsten Sterns Alpha Centauri vor. Es wäre dann 4 Lichtjahre oder 40 Billionen km entfernt. Die Sonne würde als heller Stern am Himmel leuchten, so wie die hellsten Sterne, die wir sehen. Unsere Erde würde allerdings extrem schwach leuchten, Astronomen sagen sie wäre ein Stern 23. Größenklasse. Seit dem Altertum teilt man die Helligkeit der Sterne in sogenannte Größenklassen ein. Hellste Sterne bezeichnete man als Sterne erster Größe, die schwächsten, gerade mit dem freien Auge noch sicht-

baren Sterne, sind Sterne 6. Größe. Unsere Erde wäre also in einer Entfernung von 4 Lichtjahren mit freiem Auge nicht sichtbar, sondern nur mit sehr großen Teleskopen und empfindlichen Aufnahmegeräten. Das ist allerdings theoretisch. In der Praxis würde die Erde von der Sonne überstrahlt, da sie in dieser Entfernung sehr nahe bei der Sonne erscheinen würde. Es ist also nur in Ausnahmefällen überhaupt möglich, extrasolare Planeten direkt zu „sehen". Aber es gibt andere Möglichkeiten auf deren Existenz zu schließen. Unsere Erde und die Planeten umkreisen die Sonne. Aber die Sonne steht nicht still. Sie wird durch die Anwesenheit der Planeten beeinflusst, Planeten und Sonne umkreisen den Schwerpunkt des Sonnensystems. Wegen der sehr großen Masse der Sonne liegt dieser aber innerhalb der Sonne. Bewegungen, also Geschwindigkeiten der Sterne, kann man in der Astrophysik sehr leicht und vor allem sehr genau messen durch den Dopplereffekt. Sobald wir einen Stern beobachten dessen Spektrallinien sich periodisch verschieben, ist dies ein Hinweis auf einen oder mehrere Begleiter, also Planeten.

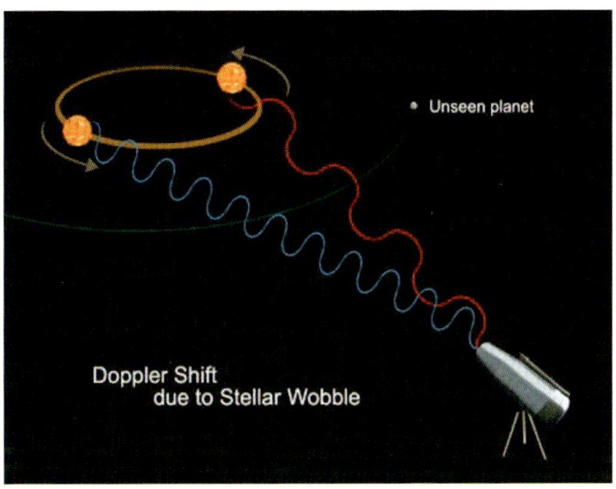

Abb. 13: Verschiebung der Spektrallinien eines Sterns der infolge der Anwesenheit eines Planeten um den Schwerpunkt des Systems kreist. Nähert sich der Stern dem Beobachter, dann sind die Linien nach Blau verschoben, entfernt er sich vom Beobachter (durch Teleskop dargestellt), sind die Linien nach Rot verschoben.
Quelle: NASA/Caltech.

Die Bildung extrasolarer Planetensysteme kann durch Beobachtung von Staubscheiben um junge Sterne herum beobachtet werden. Staub leuchtet zwar selbst nicht, aber er erwärmt sich durch die Strahlung des Sternes. Deshalb leuchtet Staub im Infraroten. Es gibt zahlreiche Beispiele für Sterne mit Infrarotexzess. Diese Sterne zeigen eine erhöhte Strahlung im Infrarotbereich. Die Strahlung selbst kommt vom Staub.

Katastrophen in extrasolaren Planetensystemen

Gibt es in extrasolaren Planetensystemen ähnliche Verhältnisse wie in unserem Sonnensystem? Fassen wir nochmals zusammen was in unserem Sonnensystem an Bedeutung sein kann für Einschläge bzw. instabile Planetenbahnen. Das Sonnensystem ist umgeben von der Oort'schen Kometenwolke, die das gesamte Planetensystem umhüllt. Objekte in dieser Wolke bestehen hauptsächlich aus Eis und Fels. Durch Instabilitäten können diese Objekte ins Innere des Sonnensystems gelangen und so eine Bedrohung darstellen. Viele dieser sich ins Innere des Planetensystems bewegenden Objekte werden aber durch die starke Anziehung der großen Planeten abgelenkt. Vor allem der größte Planet, Jupiter, wirkt als eine Art kosmischer Staubsauger. Damit verringert sich die Anzahl der Objekte der Oort'schen Wolke, die mit den erdähnlichen Planeten kollidieren könnten. Ein Planetensystem mit inneren erdähnlichen Planeten und äußeren Riesenplaneten ist also von Vorteil für eine möglichst ungestörte Entwicklung des Lebens. Man nimmt an, dass viele Objekte, die sich heute in der Oort'schen Wolke befinden, in der Frühphase des Sonnensystems dorthin gebracht worden sind, dass also der innere Bereich des Planetensystems im Laufe der Zeit völlig frei von größeren herumfliegenden Objekten wurde. Auch dafür benötigt man wieder große äußere Planeten, die das Innere des Sonnensystems durch ihre Gravitationswirkung im Laufe der Zeit leerfegten. Die bisher entdeckten Planetensysteme sind anders aufgebaut. Man findet Riesenplaneten in der Nähe des Muttersterns. Dies kann aber durch einen Auswahleffekt leicht erklärt werden. Man kann zur Zeit nur relativ große Planeten in der Nähe ihrer Muttersterne finden. Kleinere erdähnliche Planeten lassen sich nur sehr schwer finden. Trotzdem war die Entdeckung von Riesenplaneten in der Nähe ihrer Muttersterne nicht erwartet worden.

1.6 Entwicklung des Lebens auf der Erde

Das frühe Sonnensystem war Schauplatz zahlreicher katastrophaler Ereignisse, vor allem Kollisionen. Man geht heute davon aus, dass die frühe Erde extrem lebensfeindlich war, zumindest was Leben so wie wir es heute kennen anbelangt. Es gab keinen Sauerstoff in der Erdatmosphäre. Deshalb konnte die kurzwellige und extrem lebensfeindliche UV-Strahlung der Sonne ungehindert auf die Erdoberfläche gelangen. Durch die zahlreichen Einschläge gab es immer wieder Klimakatastrophen. Wurde viel an Staub aufgewirbelt, dann verdunkelte sich der Himmel und es wurde kälter, wurde viel Wasserdampf bei einem Einschlag in die Urozeane freigesetzt, gab es einen stark verstärkten Treibhauseffekt. Leben konnte sich daher nur in gut geschützten Bereichen entwickeln.

Black Smokers

Man findet in den Ozeanen Geysire, die sogenannten black smokers. Dort werden verschiedene Mineralien freigesetzt, tief unter der Meeresoberfläche. Das Wasser bietet genügend Schutz vor der UV- Strahlung, die freigesetzten Mineralien könnten wichtig für die Entstehung

Abb. 14: Black Smoker, Unterwassergeysir in der Karibik in einer Meerestiefe von 5 km.

der für Leben wichtigen Aminosäuren gewesen sein bzw. deren Bildung beschleunigt haben. Das Leben auf der Erde entwickelte sich mit großer Wahrscheinlichkeit zunächst in den tiefen Ozeanen. Durch die zahlreichen erwähnten Einschläge ist es vorstellbar, dass erste Lebensformen immer wieder ausgelöscht wurden.

Vor etwa 3 Milliarden Jahren gab es die ersten Cyanobakterien. Das waren primitive einzellige Lebensformen, deren Bedeutung aber sehr hoch war. Sie erzeugten ihre zum Leben benötigte Energie durch Photosynthese. Bei diesem Prozess wird Kohlendioxid aus der Atmosphäre mit Wasser zu Zucker (Stärke) umgewandelt und Sauerstoff wird freigesetzt. So reicherte sich die Erdatmosphäre langsam mit Sauerstoff an. Dieser bildet eine Ozonschicht, die die Erdoberfläche vor der UV Strahlung schützt. Vor etwa 500Millionen Jahren gingen dann die ersten Lebewesen an Land. Das Leben entwickelte sich weiter. Die Photosynthese liefert relativ wenig Energie. Viel effizienter ist die Verbrennung des Zuckers. Dadurch konnten sich komplexere Lebewesen entwickeln, die den freien Sauerstoff wieder zur Verbrennung des Zuckers benötigten.

Massensterben

Untersucht man Fossilien aus verschiedenen Epochen der Erdgeschichte, findet man immer wieder Perioden, wo innerhalb kurzer Zeit sehr viele Tier- und Pflanzenarten fast schlagartig ausgestorben sind. Wodurch kam es zu einer solchen Massenauslöschung? Durch kosmische Katastrophen?
Wir werden uns damit in den folgenden Kapiteln noch genauer beschäftigen. Hier nur kurz noch ein Hinweis. Das letzte große Massensterben fand vor etwa 65 Millionen Jahren statt. Damals sind neben den Dinosauriern viele weitere Tier- und Pflanzenarten ausgestorben. Wäre dies nicht passiert, würde die Erde wahrscheinlich auch heute noch von Dinos regiert werden.
Insgesamt sind bisher fünf große Massensterben bekannt.
Vor 3,8 Milliarden Jahre entwickelten sich erste mikroskopische Lebensformen. Am Beginn des sogenannten Phanerozoikum treten erste Fossilien auf. Dies geschah vor etwa 542 Millionen Jahren. Die erdgeschichtliche Entwicklung unterteilt man in unterschiedliche Abschnitte wie in der Tabelle Abb. 15 dargestellt.
Das erste Massensterben gab es am Ende des Ordoviziums, also vor etwa 443 Millionen Jahren. Etwa 60 Prozent aller in den Meeren lebenden Arten verschwanden. So starben beispielsweise die Brachiopo-

den aus, die Trilobiten überlebten nur in stark reduzierten Populationen. Am Ende des Devons, vor 359 Millionen Jahren gab es an den Küstengebieten 30 m hohe Bäume. Etwa 50 Prozent aller Arten sterben plötzlich aus. Sehr kritisch für die Evolution des Lebens wird der Übergang zwischen Erdaltertum (Paläozoikum) und Erdmittelalter (Mesozoikum) vor etwa 250 Millionen Jahren. Am Ende des Perm sterben 95 Prozent aller meeresbewohnenden Arten, 70 Prozent aller an Land lebenden Arten (Reptilien, Amphibien) aus. Das einzige Mal in der Erdgeschichte kommt es auch zu einem Massensterben von Insekten; etwa 30% aller Insektenarten sterben aus.
Am Ende der Trias, vor etwa 200 Millionen Jahren sterben 50 bis 60 Prozent aller Arten aus. Dies ermöglichte den Siegeszug der Dinosaurier. Daneben bildeten sich auch die ersten kleinen Säugetiere. Das letzte Massensterben ereignete sich vor 65 Millionen Jahren am Beginn der Erdneuzeit (Känozoikum). Die Dinosaurier starben aus und der Siegeszug der Säugetiere begann. Insekten überlebten dieses Ereignis fast unbeschadet.

Phanerozoikum	Känozoikum Erdneuzeit	Quartär	2,588-0
		Neogen	23,03-2,588
		Paläogen	65,5-23,03
	Mesozoikum Erdmittelalter	Kreide	145,5-65,5
		Jura	199,6-145,5
		Trias	251-199,6
	Paläozoikum Erdaltertum	Perm	299-251
		Karbon	359,2-299
		Devon	416-359,2
		Silur	443,7-416
		Ordovizium	488,3-443,7
		Kambrium	542-488,3

Abb. 15: Die verschiedenen Abschnitte des Phanerozoikums. Die rechte Spalte gibt den Beginn des jeweiligen Abschnitts sowie dessen Ende in Millionen Jahren vor unserer Gegenwart an.

Kapitel 2 :
Die Stabilität des Sonnensystems

2.1 Planetenbahnen

Die Erde, unser Heimatplanet, ist von der Sonne aus gesehen der dritte Planet und der fünftgrößte Planet im Sonnensystem. Wir bewegen uns auf einer leicht elliptischen Bahn in einem Jahr um die Sonne. Es dauerte allerdings fast 2000 Jahre ehe sich diese Erkenntnis durchsetzte. Es war einer der wichtigsten und revolutionärsten wissenschaftlichen Befunde, dass die Sonne und nicht die Erde im Mittelpunkt des Sonnensystems steht.

Die Schleifenbewegung der Planeten

Was ist der Platz der Erde und des Sonnensystems im Kosmos? Lange Zeit glaubte man, die Erde sei der Mittelpunkt des Universums. Sonne, Mond, Planeten und Sterne bewegen sich täglich um die im Zentrum ruhende Erde. Dies nennt man auch geozentrisches Weltsystem. Es entspricht unserer täglichen Erfahrung, alle Himmelskörper gehen im Osten auf, erreichen im Süden ihre höchste Stellung und gehen im Westen unter. Doch schon die Beschreibung der Bewegung der Planeten am Himmel bereitet Probleme. Das Wort Planet kommt aus dem Griechischen und steht für Wandelstern. Planeten bewegen sich unter den Sternen. Die Planeten zeigen dabei mitunter eine sonderbare Schleifenbewegung. Normalerweise bewegen sie sich langsam von West nach Osten, aber manchmal ist diese Bewegung auch rückläufig. Geht man davon aus, dass sich die Planeten um die Erde bewegen, ist es notwendig, neben der Sphäre, auf der sich Planeten bewegen, einen weiteren Kreis einzuführen auf dem sie tatsächlich wandern. Dies führt auf die Epizykeltheorie. Die Bewegung der Planeten wird dadurch komplizierter. Ptolemäus (gestorben um 175 n. Chr.) fasste das astronomische Wissen seiner Zeit in 13 Büchern zusammen und verfeinerte die Epizykeltheorie.

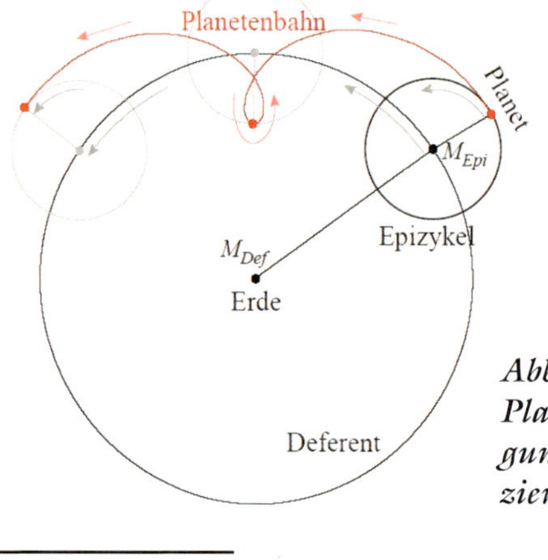

Abb. 16: Epizykeltheorie der Bewegung der Planeten. Man sieht, dass die Schleifenbewegungen der Planeten am Himmel sehr kompliziert zu erklären sind.

In seinem Todesjahr, 1543, wurde das Hauptwerk von N. Copernicus (Über den Umlauf der Himmelskörper) veröffentlicht. Darin zeigt er, wie sich die Bewegung der Planeten viel einfacher erklären lässt, wenn man davon ausgeht, dass sie, wie die Erde, um die im Zentrum des Systems ruhende Sonne kreisen. Eine Schleifenbewegung der Planeten außerhalb der Erdbahn kommt immer dann vor, wenn sie auf ihrer Bahn um die Sonne von der schneller umlaufenden Erde überholt werden. Wie so oft in der Physik ist eine einfachere Erklärung von Beobachtungen die richtige.

Die Kepler'schen Gesetze

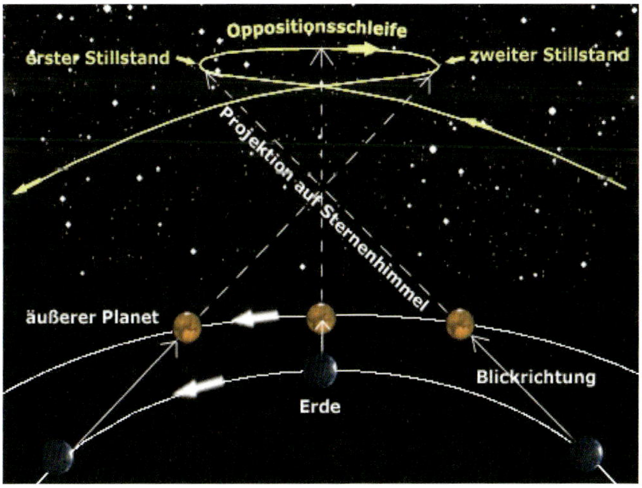

Abb.17: Erklärung der Planetenschleifen. Wenn die Erde auf ihrer schnelleren Bahn um die Sonne einen äußeren Planeten überholt, dann entsteht die schleifenartige Bewegung dieses Planeten am Himmel. Quelle: BR Alpha online.

So war man sich über die richtigen Dimensionen im Sonnensystem klar, vor allem auch durch die Kepler'schen Gesetze die die Bewegung der Planeten genau beschreiben.

1. Planeten bewegen sich in Ellipsen in deren einem Brennpunkt sich die Sonne befindet. Das war für die damalige Zeit eine Revolution. Nur eine Bewegung auf einem Kreis galt als eine göttliche, vollkommene Bewegung. Es erforderte also ein großes Umdenken, dass sich Planeten nicht auf vollkommenen Bahnen bewegen.
2. Das Zweite Kepler Gesetz besagt, dass die Verbindungslinie Planet-Sonne in gleichen Zeiten gleiche Flächen überstreicht. Daraus ergibt sich: ein Planet bewegt sich in Sonnennähe rascher um diese als in Sonnenferne. Die Erde durchläuft den sonnennächsten Punkt ihrer Bahn Anfang Januar. Wir bewegen uns also im Winter (gilt für die Nordhalbkugel) schneller um die Sonne als im Sommer, weil die Erde Anfang Juli den sonnenfernsten Punkt ihrer Bahn erreicht. Das

Winterhalbjahr ist für die Nordhalbkugel der Erde kürzer als das Sommerhalbjahr.

3. Das dritte Keplergesetz ist für die Astrophysik extrem wichtig. Kennt man die Umlaufszeit T eines Objektes sowie die Halbachse a dessen Bahn, folgt daraus die Masse. Das Verhältnis a^3/T^2 ist konstant und hängt von der Masse des Systems ab.

Die ersten beiden Gesetze erschienen in Kepler's Astronomia Nova, 1609, das dritte Gesetz formulierte er 1619 in seiner Weltharmonik. Die Bewegung der Planeten im Sonnensystem war durch Kepler richtig beschrieben. Nun galt es die Entfernungen zu den anderen Sternen zu messen. Dies gelingt für nähere Sterne durch Bestimmung der jährlichen Parallaxe. Die Erde bewegt sich während eines Jahres einmal um die Sonne. Dadurch verschiebt sich die genaue Position eines nahen Sternes relativ zu weiter entfernten Hintergrundsternen. Der Betrag dieser Verschiebung, die jährliche Parallaxe, ist von der Entfernung des Sternes abhängig. Weder zu Kopernikus noch zu Kepler's Zeiten konnte man solche Parallaxen messen, weshalb die Richtigkeit des Heliozentrischen Systems angezweifelt wurde. Im Jahre 1838 gelang Friedrich Wilhelm Bessel die Parallaxenmessung: der Stern 61 Cygni war damals als ein Schnellläufer bekannt, er zeigte eine relativ große Eigenbewegung am Himmel. Bessel vermutete, dass dieser Stern daher recht nahe sein müsste und eine Parallaxenmessung an ihm zum Erfolg führen könnte. So wurde die halbjährliche Winkeländerung nach längeren Analysen zu 0,3" (0,00008 Grad) bestimmt. Das ist natürlich ein extrem kleiner Winkel und deshalb scheiterten alle früheren Messungen an der Ungenauigkeit. Selbst beim sonnennächsten Stern Proxima Centauri (4 Lichtjahre von der Erde entfernt) beträgt die Parallaxe nur 0,772". In den 1990ern gelangen mit dem europäischen Astrometriesatelliten Hipparcos genaue Parallaxenmessungen für 118.000 Sterne. Gaia, als geplanter Nachfolger, soll Ende 2011 damit beginnen, noch vierzigmal genauere Messungen an etwa einer Milliarde Sternen durchzuführen.

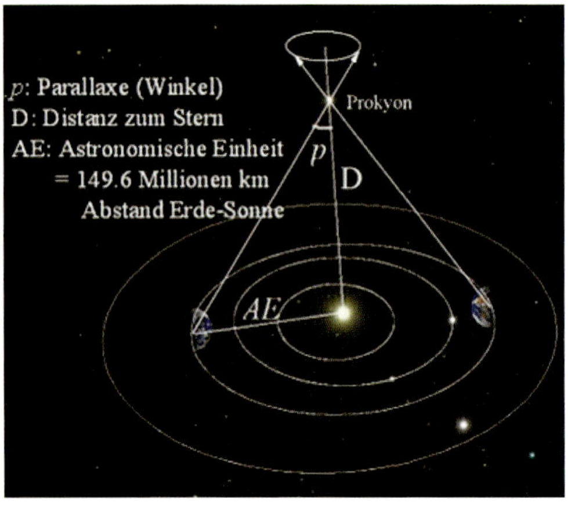

Abb. 18: Jährliche Parallaxe des Sterns Prokyon.

2.2. Stabilität der Planetenbahnen

Wie stabil sind die Planetenbahnen? Können sich Planeten gegenseitig so stören, dass Planeten aus dem Sonnensystem entweichen? Wie berechnet man überhaupt die Bahnen der Planeten?

Newton und die Schwerkraft

Isaac Newton (1643-1727) gilt als der Entdecker des nach ihm benannten Gravitationsgesetzes. In seinem Werk Philosophiae Naturalis Prinicipia Mathematica beschrieb er das Gravitationsgesetz. Das Werk wurde am 5. Juli 1687 in lateinischer Sprache veröffentlicht. Das Buch umfasst etwa 600 Seiten.

Abb.19: Isaac Newton.

Es vereinigt die Erkenntnisse Galileis (Fallversuche) und die Erkenntnisse Keplers (Planetenbewegungen). Kepler erklärt wie sich die Planeten bewegen, Newton erklärt, nach welchem Gesetz sie sich bewegen. Das Newton'sche Gravitationsgesetz besagt, dass jeder Körper im Universum auf jeden anderen Körper eine Kraft entlang der Verbindungslinie ihrer Zentren ausübt. Die Stärke dieser Kraft ist direkt proportional zu dem Produkt der beiden Massen und umgekehrt proportional zum Quadrat der Entfernung zwischen ihnen. Im Jahre 1665 wütete in England die Pest. Deshalb wurde die Universität Cambridge geschlossen und der damalige Mathematikstudent Isaac Newton zog es vor in sein Heimatdorf Woolsthorpe zu gehen. Was tut man in einem Dorf? Man ruht sich zur Mittagszeit im Schatten eines Apfelbaumes aus. Dies hat die Physik der damaligen Zeit revolutioniert. Angeblich soll Newton durch die Beobachtung des Herabfallens eines Apfels von einem Baum auf den Erdboden zu diesem Gesetz inspiriert worden sein. Die Kraft die verantwortlich ist, dass ein Apfel auf den Erdboden fällt, ist dieselbe Kraft mit der die Erde den Mond anzieht. Wenn aber der Mond von der Erde angezogen wird, würde er, so wie der Apfel vom Baum fällt, auf die Erde stürzen. Es muss also eine Gegenkraft geben. Diese Gegenkraft war schnell gefunden: Der Mond bewegt sich um die Erde. Dadurch erhält er eine nach außen gerichtete Fliehkraft (Zentrifugalkraft). Diese Kraft kennen wir alle. Fahren wir mit einem Auto schnell in eine Kurve, so spüren wir deutlich die nach außen gerichtete Kraft, die manchmal unterschätzt wird. Der junge Mathematikstudent traut sich jedoch noch nicht seine Überlegungen einem wissenschaftlichen Kollegium vorzulegen. Er kehrt 1667 an die Universität zurück, veröffentlicht aber seine Ergebnisse und Überlegungen erst 1684, als er bereits Professor für Mathematik ist. Er fand einen Förderer, den Astronomen Halley (er hat den nach ihm benannten Kometen entdeckt). Mit Halley diskutierte Newton seine Ergebnisse und Halley ermunterte ihn diese zu veröffentlichen. Man sieht wie wichtig intensive wissenschaftliche Kommunikation ist. Heutzutage wäre es aber töricht, eine wissenschaftliche Erkenntnis so lange für sich zu behalten. Die Konkurrenz wäre sicher schneller.

Das Zweikörperproblem

Betrachten wir den einfachsten Fall: zwei Körper bewegen sich umeinander unter dem Einfluss ihrer gegenseitigen Gravitation. Denken wir uns z.B. die Sonne als ersten Körper und unsere Erde als zweiten Körper.

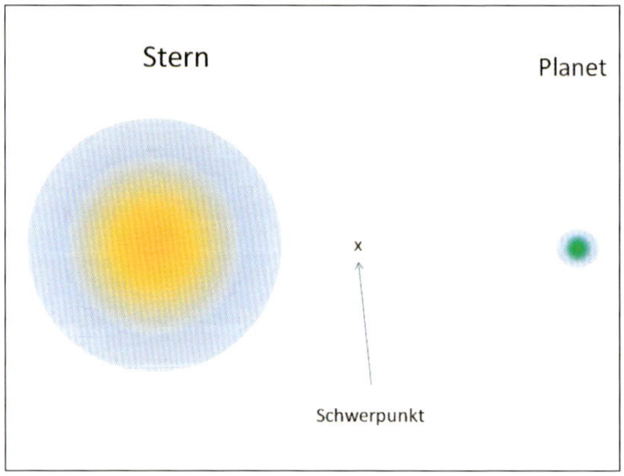

Abb. 20: Der Schwerpunkt des Systems zweier Massen liegt immer bei der größeren Masse.

Die Bewegung der Erde erfolgt um die viel massereichere Sonne, der Schwerpunkt des Systems Erde-Sonne liegt natürlich im Inneren der Sonne nahe deren Zentrum. Ein derartiges Problem bezeichnet man als Zweikörperproblem. Mit Hilfe des Newton'schen Gravitationsgesetzes ergeben sich insgesamt 6 Gleichungen die man einfach lösen kann, je drei Gleichungen für den Ort und die Geschwindigkeit wegen der drei Raumrichtungen. In vielen Fällen genügt es, Planetenbewegungen im Sonnensystem als eine Zweikörperbewegung darzustellen. Denken wir uns z.B. den Flug zum Mars. Diesen kann man durch drei Zweikörperprobleme darstellen: 1. Bewegung des Raumschiffs im Schwerefeld der Erde, 2. Bewegung des Raumschiffs unter dem Einflussbereich der

Sonne, sobald das Schwerefeld der Erde auf Grund der zunehmenden Entfernung schwach genug geworden ist und 3. Die Bewegung im Schwerefeld des Mars. Aber es ist auch klar, dass zu einer genaueren Berechnung auch der Einfluss der anderen Planeten wichtig werden wird. Man spricht dann von einem Dreikörperproblem oder allgemein von einem N-Körperproblem.

Das N-Körperproblem

Der Schwedische König Oskar II (1829-1907) hatte anlässlich seines 60. Geburtstages einen besonderen Einfall: er wollte Preise ausschreiben für die Beantwortung besonders schwieriger aber wichtiger und interessanter Fragen auf dem Gebiete der Naturwissenschaften. Oskar II wollte ein sehr beliebter Landesvater sein, er soll sogar Leute in deren Haus persönlich besucht haben. Außerdem verteilte er gerne Geschenke und förderte Forschungsprojekte. Die vier Fragen, die um den Preis zu bekommen, gelöst werden mussten, entstanden auf Anregung des Mathematikers Magnus Gösta Mittag-Leffler. Eine wichtige Frage war, ob unser Sonnensystem stabil wäre. Da dieses Problem jedoch so schwierig zu lösen war (und ist), konnten auch andere Beiträge aus dem Bereich der Himmelsmechanik eingereicht werden. Der Himmelsmechaniker Henri Poincaré reichte im Juni 1888 einen Beitrag ein in dem das N-Körperproblem gelöst wurde:

Für ein gegebenes System von n sich untereinander anziehenden Teilchen, die den Newtonschen Bewegungsgesetzen folgen, soll unter der Annahme, dass es zu keinem Zweierstoß kommt, eine allgemeine Lösung gefunden werden in Form einer Potenzreihe in den Zeit und Raumkoordinaten, die für alle Werte der Zeit und Raum Koordinaten gleichförmig konvergiert.

Poincaré lebte von 1854 bis 1912 und war Mathematiker, theoretischer Physiker und Philosoph, eines der letzten Universalgenies. Poincaré behandelte in seiner eingereichten Arbeit einen Sonderfall, das sogenannte eingeschränkte Dreikörperproblem. Es werden dabei die Bewegungen von drei Himmelskörpern untersucht, wobei der dritte auf die Bewegung der beiden anderen keinen Einfluss ausübt. Das klingt sehr abstrakt ist es aber nicht. Denken wir uns nochmals den Flug des Raumschiffs zum Mars. Befindet sich das Raumschiff in Erdnähe dann unterliegt es den Kräften von Erde und Sonne, befindet es sich in Marsnähe dann unterliegt es den Kräften des Mars und der Sonne. Andererseits hat aber das Raumschiff selbst keine Auswirkungen auf die Bewegung von Erde, Mars oder Sonne.

Insgesamt muss aber gesagt werden, dass alle Probleme, in die mehr als zwei Körper verwickelt sind, nicht mehr exakt mathematisch lösbar sind. Man kann nur Näherungslösungen finden. Die Bewegung aller Planeten im Sonnensystem kann daher prinzipiell nicht durch eine Formel angegeben werden, sei diese auch noch so kompliziert, sondern man findet Näherungslösungen.

Der Weg ins Chaos

Damit kommen wir zu einem weiteren Problem. Zu Beginn des 20. Jahrhunderts war man der Ansicht alles genau vorhersagen zu können. Man denke sich z.B. ein Roulette Spiel. Wenn man genau weiß, wie die Kugel hineingeworfen wird, wie schnell sich das Roulette dreht, wie schwer die Kugel ist usw. dann müsste man exakt vorhersagen können, auf welche Zahl die Kugel fällt. Mathematiker bzw. theoretische Physiker müssten also zu den reichsten Leuten der Welt gehören. Sie könnten sehr teuer ihre Computerprogramme verkaufen. Ihre Kunden wären natürlich auch zufrieden, denn mit den Programmen lassen sich beliebig hohe Gewinne erzielen. Bisher ist es jedoch niemandem gelungen, eine derartige Berechnung durchzuführen. Gibt es dafür tiefere Gründe? Die Antwort darauf lautet Chaostheorie.

Was versteht man in den Naturwissenschaften unter Chaos? Betrachten wir nochmals unser Roulette Spiel. Wenn man die Kugel nur um einen sehr sehr kleinen Betrag anders hineinwirft, kommt eine völlig andere Zahl heraus. Aber damit nicht genug: das Problem ist tieferliegend. Es gibt hier so viele Größen die man exakt messen müsste, dass der Messvorgang wahrscheinlich länger dauern würde als das gesamte Spielchen. Und selbst dann gibt es eine Grenze: man kann niemals alle Parameter genau genug messen, jede Messung ist mit einem Messfehler behaftet.

Chaotische Systeme zeichnen sich dadurch aus, dass sie sich schnell auseinander entwickeln. Starten wir ein System von zwei sehr eng benachbarten Anfangsbedingungen. Hat das System chaotisches Verhalten, dann werden sich die Lösungen sehr rasch auseinander entwickeln und nicht benachbart bleiben. Chaotische Systeme sind daher prinzipiell nicht vorhersagbar.

Ein Beispiel für ein chaotisches System ist das Wetter: niemand kann durch noch so genaue Messungen vorhersagen, wie das Wetter in drei Wochen genau sein wird.

Poincaré hat dies vorweggenommen in dem er schrieb:

Wenn wir die Gesetze der Natur und den Anfangszustand exakt kennen würden, so könnten wir den Zustand des Universums zu jedem weiteren

Zeitpunkt vorhersagen. Aber selbst wenn die Naturgesetze keine Geheimnisse mehr vor uns hätten, so könnten wir die Anfangsbedingungen doch nur genähert bestimmen. Wenn uns dies erlaubt, die folgenden Zustände mit der gleichen Näherung anzugeben, so sagen wir, dass das Verhalten vorhergesagt wurde, dass es Gesetzmäßigkeiten folgt. Aber das ist nicht immer der Fall: Es kann vorkommen, dass kleine Unterschiede in den Anfangsbedingungen große im Ergebnis zur Folge haben (…) Vorhersage wird unmöglich und wir haben ein zufälliges Phänomen.“

Ist unser Planetensystem chaotisch?

Inzwischen hat man Beispiele für chaotische Bewegungen im Sonnensystem gefunden. Die Rotationsachse des Mars steht nicht fest im Raum sondern kann sehr stark schwanken, was zu großen Klimaänderungen führen kann.

Wie schon bei der Bildung des Sonnensystems erwähnt, liegen die Bahnen der Planeten nahezu in einer Ebene. Trotzdem gibt es Abweichungen. Außerdem stören sich die Planeten gegenseitig. Der sonnennächste Punkt einer Planetenbahn heißt Perihel. Gäbe es nur zwei Körper, nämlich Planet und Sonne, dann wäre der Punkt des Perihels immer derselbe, die Ellipsenbahn wäre eine geschlossene. Genaue Beobachtungen zeigten, dass sich das Perihel langsam verschiebt. Die Periheldrehung hat mehrere Ursachen, z.B. sind die beteiligten Körper nicht exakt kugelförmig oder andere Planeten stören (wenn auch in geringem Ausmaß) die Bahn. Nach Berechnungen von Le Verrier (1811-1877) sollte die Periheldrehung des Merkur etwa 530 Bogensekunden pro Jahrhundert ausmachen. Eine Bogensekunde ist 1/3600 eines Grades. Worauf lässt sich diese Drehung zurückführen? 280 Bogensekunden kommen durch Störungen von Venus auf die Merkurbahn zustande, 150 Bogensekunden durch den Jupiter und etwa 100 Bogensekunden durch die anderen Planeten.

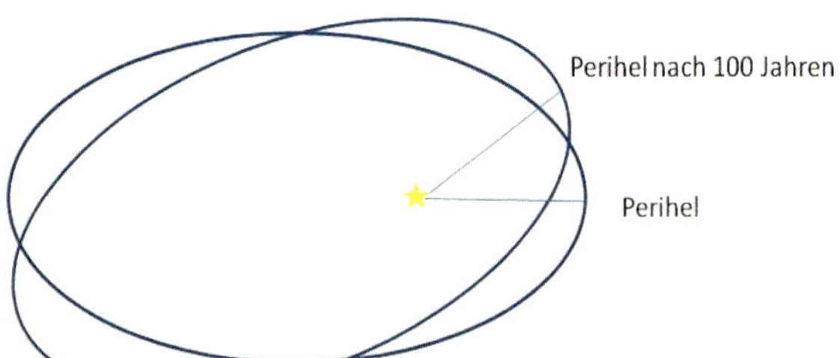

Addiert man diese Beträge, dann sieht man es fehlen etwa 43 Bogensekunden. Dies kann man nur mit Hilfe der allgemeinen Relativitätstheorie erklären. Die beobachtete

Abb. 21: Periheldrehung der Merkurbahn

zusätzliche Periheldrehung des Merkur von 43 Bogensekunden gilt als einer der Beweise für die Richtigkeit der Relativitätstheorie.
Für die Erde beträgt die Periheldrehung 1161 Bogensekunden pro Jahrhundert, die relativistische Drehung beträgt nur etwa 4 Bogensekunden. Am Beispiel der Periheldrehung sehen wir, es ändern sich die Bahnen der Planeten im Sonnensystem.

Die Erdbahn

Wir bewegen uns in einem Jahr um die Sonne. Die Bahn der Erde um die Sonne ist eine Ellipse, die größte Entfernung zur Sonne beträgt 147,1 Millionen km, das Perihel wird gegenwärtig um den 3. Jänner herum durchlaufen, die größte Entfernung beträgt 152,1 Millionen km und der sonnenfernste Punkt, Aphel, wird um den 5. Juli durchlaufen. Wir sehen also: wenn auf der Nordhalbkugel der Erde Winter ist, sind wir der Sonne sogar etwas näher als im Sommer. Die Jahreszeiten haben also nichts mit der sich leicht ändernden Sonnenentfernung zu tun. Gegenwärtig beträgt die Exzentrizität der Erdbahn nur 0,0167 (wäre sie gleich Null, wäre die Erdbahn ein Kreis). Die Exzentrizität und damit die Elliptizität der Erdbahn sind aber nicht konstant, sondern sie kann zwischen 0 und 0.06 schwanken. Je größer die Exzentrizität desto unterschiedlicher fallen die Entfernungen Erde-Sonne zur Zeit des Perihels und Aphels aus:
Bei einer Exzentrizität von e=0,06 wäre der sonnennächste Punkte der Erdbahn bei 140 Millionen km, und der sonnenfernste Punkt bei 158 Millionen km. Dies hat schon merkliche Einflüsse auf die Sonneneinstrahlung. Die Periode, mit der sich die Exzentrizität der Erdbahn ändert, beträgt ungefähr 100 000 Jahre. Wir bewegen uns mit einer Geschwindigkeit von etwa 107218 km/h um die Sonne.
Die Rotationsachse der Erde steht nicht senkrecht zur Bahnebene sondern ist geneigt. Himmelsäquator und Erdbahnebene (Ekliptik) nehmen einen Winkel von etwa 23,44 Grad ein. Diese Schiefe ist verantwortlich für die Jahreszeiten. Durch die Anziehungskräfte von Sonne Mond und Planeten ändert sich die Schiefe der Erdachse mit einer Periode von etwa 40 000 Jahren. Je größer

Abb. 22: Die Neigung der Erdachse zur Senkrechten auf die Erdbahnebene beträgt gegenwärtig etwa 23,5 Grad, dies sieht man auch an diesem Globus.

der Winkel, desto ausgeprägter werden die Jahreszeiten, je kleiner der Winkel, desto weniger stark sind jahreszeitliche Veränderungen. Allerdings variiert die Schiefe der Erdachse nur um einen relativ kleinen Wert, um plus oder minus 1 Grad. Der Mond hat hier eine stabilisierende Wirkung. Durch die Anziehungskräfte von Sonne und Mond und auch der Planeten reagiert die Erde wie ein Kreisel, die Lage des Frühlingspunktes verschiebt sich und damit die Richtung am Himmel in die die Erdachse zeigt. Somit ändert sich auch die Lage des Himmelspols, momentan steht der Stern Polaris (Polarstern) in der Nähe des Himmelspols, in etwa 11 000 Jahren wird der sehr helle Stern Wega Polarstern sein. Diese sogenannte Präzessionsbewegung der Erdachse erfolgt mit einer Periode von etwa 26 000 Jahren. Dadurch ändert sich die Lage des Frühlingspunktes am Himmel. Der Frühlingspunkt ist einer der Schnittpunkte der Erdbahnebene (Ekliptik) mit dem Himmelsäquator. Vor mehr als 2000 Jahren befand er sich im Sternbild Widder, weshalb auch heute noch das Widderzeichen verwendet wird. Zur Zeit Christi Geburt befand er sich im Sternbild Fische und er wandert gegenwärtig in das Sternbild des Wassermanns, weshalb man manchmal auch vom Zeitalter des Wassermanns spricht.

Erdbeben und Verschiebungen der Erdachse

Auch starke Erdbeben, bei denen große Landmassen bewegt werden, können die Erdachse verschieben. Bei dem großen Erdbeben im März 2011 in Japan wurde die Hauptinsel Japans um fast 2,4 m verschoben was sich durch GPS Messungen zeigen lässt. Bei einem starken Erdbeben kann sich die Tageslänge um einige Mikrosekunden verkürzen. Merken werden wir dies nicht, da eine Mikrosekunde eine Millionstel Sekunde ist. Die Erdachse kann sich dabei um bis zu 8 cm verschieben.

Eiszeiten

Die oben beschriebenen Bewegungen der Erdbahn und der Erdachse können zu großen Klimaveränderungen auf der Erde führen und Milankovic (1879-1958) hat damit die Entstehung der Eiszeiten erklärt. Eiszeiten kann man auf der Erde seit etwa 600 Millionen Jahren nachweisen. Vor mehr als 225 Millionen Jahren (Karbon und Perm) kam es zu großen Vereisungen. Während der letzten 2 Millionen Jahre gab es mehrere Eiszeiten. Die Vereisungen dauerten jeweils etwa 100 000 Jahre, die Warmperioden waren wesentlich kürzer. Die Eismassen stießen von Skandinavien nach Mitteleuropa vor und erreichten oft eine Höhe von mehr als 2 km. Auch die Südspitzen Afrikas und Südamerikas waren von Eis bedeckt. Die Masse der Eismassen während der Eiszeit betrug das Dreifache der heutigen Masse. Ein Grund weshalb sich Eiszeiten besonders in der jüngeren Erdgeschichte ausbilden, dürfte die Ansammlung relativ großer Landmassen nahe den Polen sein (infolge der Kontinentalverschiebung). Es gibt kalte Aussichten für uns: wenn sich die Eiszeiten so wiederholen wie früher, dann sind wir am Beginn einer neuen Eiszeit, denn die jetzige Warmzeit dauert bereits mehr als 11 000 Jahre. Während einer Eiszeit wird viel Meerwasser als Eis gebunden und dadurch sinkt der Meeresspiegel um mehr als 100 m ab. Zahlreiche Landbrücken entstanden, einige Meere wie die Nordsee trockneten vollkommen aus. Die Beringstraße verband Nordamerika mit Europa. Auch der Golfstrom kam zum Erliegen. In Norddeutschland betrug im Jänner die mittlere Temperatur weniger als minus 20 Grad (heutiger Wert etwa bei Null Grad).

Übrigens ist es falsch zu glauben, unsere heutigen Gletscher sind ein Relikt aus der letzten Eiszeit. Vor etwa 7000 Jahren war es in Europa am wärmsten und es gab überhaupt kein Eis. Unsere Gletscher sind daher höchstens 6000 Jahre alt. Das letzte Maximum der Eiszeit war vor 21000 Jahren. Die Durchschnittstemperatur lag um 5 bis 6 Grad niedriger als heute und es gab deutlich weniger Treibhausgase in der Atmosphäre: nur etwa 70 % des vorindustriellen Kohlendioxid und etwa 50 % des vorindustriellen Methan.
Man spricht in der Wissenschaft von einem Eiszeitalter, wenn es auf der Erde vereiste Pole gibt. Das war nicht immer so im Verlaufe der Erdgeschichte, eher das Gegenteil war der Fall, die meiste Zeit war die Erde ohne vereiste Pole (zwischen 80 und 90 % der Erdgeschichte). Das archaische Eiszeitalter begann vor etwa 2300 Millionen Jahren und dauerte sehr lange, etwa 300 Millionen Jahre. In Nordamerika nennt man es auch das Huronische Eiszeitalter. In Gesteinsschichten des Huronsees findet man Ablagerungen und Hinweise auf diese Zeit. Vor etwa 950 Millionen Jahren gab es das Algonkische Eiszeitalter, man findet jedoch nur in Europa Hinweise darauf. Zwischen 750 und 620Millionen Jahren gab es zwei weitere Eiszeiten, manche Forscher meinen sogar, dass die ganze Erde ein Schneeball war. Vor 440 Millionen Jahren begann die Sahara Vereisung (Silur-Ordovizisches Eiszeitalter), vor 280 Millionen Jahren begann das Permokarbonische Eiszeitalter auch als Gondwana Vereisung bekannt. Das letzte Eiszeitalter begann vor 2,6 Millionen Jahren und dauert bis heute an.
Der Übergang von einer Warmzeit zu einer Eiszeit scheint sehr langsam zu erfolgen, etwa 0,1 Grad pro tausend Jahre.

2.3 Der Mond und seine Wirkungen auf die Erde

Der Mond besitzt nur 1/81 der Erdmasse, trotzdem übt er Einflüsse auf die Erde aus. Seine Anziehungskraft auf die Erde ist dort am stärksten, wo sie dem Mond zugewandt ist, also für alle Orte auf der Erde, wo man gerade den Mond über dem Horizont erblicken kann. Die Anziehungskraft des Mondes verursacht die Gezeiten der Erde. Die Gezeitenwirkung des Mondes auf die Erde wird durch die Sonne verstärkt. Am stärksten sind die Gezeiten bei den Phasen Neumond oder Vollmond. Dann addieren sich die Kräfte von Sonne und Mond, weil diese praktisch in einer Linie stehen. Auf der Erde beobachtet man dann eine sogenannte Springflut. Auf Grund ihrer Sonnennähe können Venus und Merkur keinen Mond besitzen da die Gezeitenkräfte der Sonne zu groß wären.

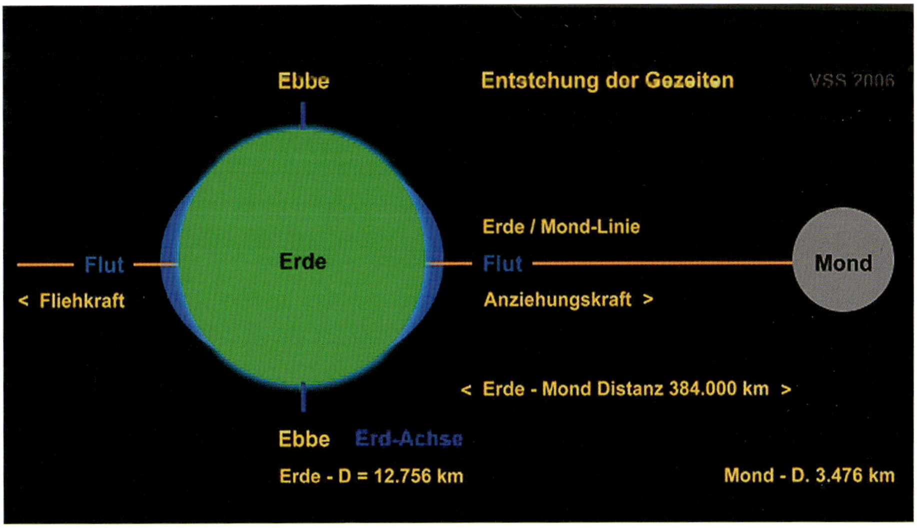

Abb. 23: Zur Entstehung der Gezeiten (hier ist nur der Mond dargestellt). Auf der dem Mond zugewandten Seite entsteht ein Flutberg, auf der gegenüberliegenden Seite durch die Fliehkraft ebenso ein Flutberg.

Die Länge eines Erdtages wird durch die Rotation der Erde bestimmt. Durch die Gezeitenwirkung des Mondes hebt sich die gesamte Erdkruste. Die Kraft des Mondes kann also Kontinente um bis zu 26 cm heben. Damit verändert sich auch die Form der Erde und dies führt zu kleinen Variationen der Tageslänge die man nur mit sehr genauen Atomuhren messen kann. Nicht nur der Mond verformt die Erde, auch die Erde verformt den Mond um etwa 10 cm während seines Umlaufs um die Erde. Dies ist ein kleiner Betrag im Vergleich zur Wirkung des größten Planeten Jupiter auf seinen Mond Europa: die etwa mondgroße Europa wird vom Jupiter um bis zu 30 m verformt.

Der Mond hat eine synchrone Rotation zu seiner Bahnbewegung um die Erde. In 27.32 Erdtagen rotiert er einmal um die eigene Achse. Wegen des Umlaufs der Erde um die Sonne benötigt er jedoch 29,53 Tage ehe er wieder die gleiche Phase zeigt (synodischer Monat). Der Mond zeigt uns immer dieselbe Seite. Die Rotation der Erde wird durch die Gezeitenwirkung abgebremst, die Tage werden länger, und der Mond entfernt sich von der Erde.

Abb.24:Bei der Phase Vollmond erkennt man wegen der fehlenden Kontraste nur die großen dunklen Ebenen (Mondmeere, lat. Maria).
Aufnahme: A. Hanslmeier, Bairisch Kölldorf

Mondphasen und der Mensch

Es gibt eine uralte Vorstellung, dass Mondphasen einen Einfluss auf den Menschen haben. Studien beweisen das: 92 % der Deutschen glauben an den Einfluss des Mondes, insbesondere der Mondphasen. Dem Vollmond werden besondere geheimnisvolle Kräfte nachgesagt: Es kommen mehr Babies auf die Welt, die Unfallrate wird höher und auch Gewalttaten (Verbrechen, Selbstmorde) sollen zunehmen. Man schläft auch schlecht bei Vollmond.

In einem alten deutschen Lexikon (Brockhaus 1812) findet man über Schlafwandler:

Man darf die Schlafwandler nicht wecken; Bäder und Trinkkuren mit »Weinsteinrahm und verdünnter Salzsäure« helfen ihrem Leiden ab. Die Kranken empfangen dabei Bilder auf übernatürlichem Wege: »Es sind dann die Augen geschlossen, die Finger und Zehenspitzen sind Organe des Sehens geworden, endlich scheint die Psyche gar keiner Organe zu bedürfen, und sie erhält Eindrücke vor außen, ohne daß man ein Medium entdecken kann.

Eine erforschte Schlafstörung ist der Somnambulismus. Der Ausdruck kommt vom Lateinischen: somnus bedeutet Schlaf und ambulare bedeutet umhergehen. Die betroffenen Personen gehen scheinbar schlafend umher und verrichten dabei sogar Tätigkeiten, ohne wirklich aufzuwachen. Erwachsene Personen sind zwischen einem und zwei Prozent davon betroffen, Kinder wesentlich höher. Die Störung tritt meist nur vorübergehend auf. 15 % der Zwölfjährigen sind davon betroffen aber in den meisten Fällen klingt die Störung nach Beendigung der Pubertät wieder von alleine ab. Ob Menschen während einer solchen Phase auch gewalttätig werden, ist nicht erwiesen. Es gibt aber einen interessanten Fall. Ein Kanadier soll schlafwandelnd 20 km mit seinem Auto zu seiner Schwiegermutter gefahren sein und diese dann getötet haben. Er selbst konnte sich am nächsten Morgen an nichts mehr erinnern. Deshalb wurde er vor Gericht freigesprochen. Es gibt auch Fälle von Personen, die ein Fenster öffneten und sich aus einem höheren Stockwerk stürzten. Man nimmt für diese Personen meist schwach dosierte Antidepressiva, damit sie nicht so tief schlafen. In früheren Zeiten führte man das Schlafwandeln auf die Wirkung des Vollmondes zurück. Heute geht man davon aus, dass es vor allem durch körpereigene Reize angeregt wird: eine gefüllt Blase, äußere Geräusche usw. Die Veranlagung dazu ist vererbbar, also genetisch bedingt. Trotzdem könnte es einen Zusammenhang mit dem Vollmond geben. Schlafwandler bewegen sich nämlich ähnlich wie die Motten zum Licht. Deshalb werden sie dazu angeregt, wenn der Vollmond bei nicht abgedunkeltem Fenster in das Schlafzimmer scheint.

In vielen Mythen wird von Werwölfen berichtet. Bei Vollmond transformieren sich bestimmte ausgesuchte Menschen in Werwölfe. Daher kommt auch der englische Ausdruck lunacy für Wahnsinn. Sogar der Babylonische König Nebuchadnezzar (630-562 v. Chr.) glaubte, dass er bei Vollmond zu einem Werwolf wird. Eine gewisse Parallele dazu findet sich auch in der Geschichte von Dr. Jekyll und Mr. Hyde, dem bekannten Roman von Luis Stevenson. Dr. Jekyll ist ein hochangesehener Arzt, der einen besonderen Trank entwickelt und sich zu einem Monster, Mr. Hyde verwandelt, welches Morde begeht. Werwölfe sollen sich von normalen Menschen kaum unterscheiden, die Fähigkeit sich in einen Wolf zu verwandeln soll in vielen Menschen stecken. Sie sind Kinder der Erde und des Mondes und ihre Kräfte sind bei Vollmond am größten, bei Neumond am schwächsten. Es soll sich um natürliche Menschen mit besonderen Fähigkeiten handeln im Gegensatz zu den Vampiren. Deren Erzfeind ist der Werwolf. Im Mittelalter wurden Tollwutkranke für Werwölfe gehalten, da hier die Erkrankung durch den Biss eines Tieres erfolgt. Die Symptome dieser Krankheit passen zur Beschreibung von Werwölfen: Anfälle, bei denen der Erkrankte wild um sich zu beißen beginnt; Angst vor Wasser, aber gleichzeitig starker Durst, was zu spastischen Schluckkrämpfen führt etc. Die Menschen im Mittelalter sahen darin eine Verwandlung des Gebissenen in eben jenes Tier, von dem er gebissen wurde.

Bei zunehmendem Mond soll alles, was zunehmen und sich vermehren soll, begonnen werden, so etwa Geldinvestitionen oder Hausbau. Nimmt der Mond jedoch ab, soll man Haare schneiden, Putzen, Waschen oder einen Operationstermin in diese Zeit legen, um das Risiko für Komplikationen gering zu halten. Sogar Umweltkatastrophen, Wetterveränderungen oder gar Empfängnisverhütung werden mit Mondphasen in Verbindung gebracht. Was ist dran an diesen Meldungen? Es gab zahlreiche Untersuchungen über diese Zusammenhänge und es wurde nichts Eindeutiges bewiesen. Laut einer Umfrage geben 40 Prozent der Deutschen an, mondfühlig zu sein. Wissenschaftlich und psychologisch ist das damit zu erklären, dass für bestimmte Ereignisse, meist negative, ein plausibler Grund gesucht wird. Passiert zum Beispiel ein Unfall und es ist gerade Vollmond, so wird dieses Geschehen dem Vollmond zugeschrieben. Auch die persönliche Einstellung ist wichtig. Glaubt man beispielsweise daran, bei Vollmond schlecht zu schlafen, dann wird man das auch bei Vollmond tun.

Mond und Erdbeben

Der Mond übt auf die Erde eine Gezeitenwirkung aus, die Frage stellt sich ob dadurch auch Erdbeben ausgelöst werden können. Kann man bestimmte Stellungen des Mondes damit in Zusammenhang bringen? Wie bereits erwähnt, ist die Gezeitenwirkung des Mondes auf die Erde am größten bei der Phase Neumond oder Vollmond. Am geringsten ist sie bei den Phasen erstes oder letztes Viertel weil sich hier die Kräfte des Mondes und der Sonne beinahe aufheben. Besteht also um die Zeit des Vollmondes oder des Neumondes herum eine größere Erdbebengefahr?

1.1.2011	Argentinien	7,1	3 Tage v. Neumond	380000 km
2.1.2011	Chile	7,1	2 Tage v.Neumond	383000 km
9.1.2011	Vanuatu	6,6	3 Tage v. 1. Viertel	404000 km
13.1.2011	Neu-Kaledonien	7	1 Tag nach 1. Viertel	398 000 km
18.1.2011	Pakistan	7,2	1,5 Tage v. Vollmond	372 000 km
10.2.2011	Philipinen	6,5	1 Tag n. 1. Viertel	399 000 km
11.2.2011	Chile	6,6	1. Viertel	395 000 km
14.2.2011	Sandwich Inseln	6,5	3 Tage nach 1. Viertel	377 000 km
6.3.2011	Solomon Inseln	6,6	1,5 Tage nach Neumond	406 000 km
7.3.2011	Honshu, Japan	7,2	2,5 Tage nach Neumond	406 000 km
9.3.2011	Papua-Neuguinea	6,5	3 Tage vor 1. Viertel	402 000 km
11.3.2011	Honshu-Japan	8,9	1,5 Tage vor 1. Viertel	395 000 km

Abb. 25

In der Abb. 25 sind alle Erdbeben mit der Stärke größer als 6,5 angegeben für den Zeitraum 1.1.2011 bis 11.3.2011. Weiters findet man in der zweiten Spalte den Ort wo das Epizentrum lag, die Stärke, die Mondphase und die Mondentfernung.

Man sieht, dass es keinen Zusammenhang gibt zwischen: (i)Erdbeben und Mondphasen und (ii) Erdbeben und Entfernung des Mondes.

Außerdem zeigt die Tabelle, dass bis zu dem verheerenden Erdbeben vom 11.3. viele weitere Erdbeben auftraten, die jedoch weitaus weniger spektakulär in den Medien abgehandelt wurden. Das hat zwei Ursachen: zum einen fanden die Erdbeben in eher unbekannten, dünn besiedelten Regionen statt, zum anderen war ihre Stärke weitaus geringer.

Auch bei allen Erdbeben der letzten 10 Jahre deren Stärke größer als 7 auf der nach oben offenen Richterskala war, also verheerende Katastrophen für die betroffenen Gebiete waren, kann man keinen Zusammenhang zwischen Mondphasen und Erdbebenhäufigkeiten erkennen. Die Stärke von Erdbeben wird auf der nach oben offenen Richterskala angegeben. Diese ist in der Abb. 27 gegeben.

<2,0	Mikro	Nicht spürbar	8000 mal pro Tag
2,0 ... 3,0	Extrem leicht	Nicht spürbar, messbar	1000 mal pro Tag
3,0 ... 4,0	Sehr leicht	Oft spürbar, selten Schäden	49000 mal pro Jahr
4,0 ... 5,0	Leicht	Wohnungsgegenstände bewegen sich, Geräusche Meist keine Schäden	6200 mal pro Jahr
5,0 ... 6,0	Mittel	Anfällige Gebäude beschädigt,	
		generell leichte Schäden	800 mal pro Jahr
6,0 ... 7,0	Stark	Zerstörung im Umkreis 70 km	120 mal pro Jahr
7,0 ... 8,0	Groß	Zerstörung weiter Gebiete	18 mal pro Jahr
8,0 ... 9,0	Sehr groß	Zerstörung im Umkreis einiger 100 km	1 mal pro Jahr
9,0 ... 10,0	Extrem groß	Zerstörung im Umkreis von 1000 km	Alle 1 bis 20 Jahre

Abb. 27

Das Erdbeben vom 11. März 2011 in Japan hatte eine Stärke von 8,9. Durch das katastrophale Erdbeben wurde die japanische Hauptinsel um bis zu 2,4 m verrückt. Dies konnte mittels GPS Satelliten nachgewiesen werden. Außerdem soll sich dabei die Erdachse um 10 cm verschoben haben. Dies wäre die größte Verschiebung seit dem Erdbeben von 1960 in Chile. Im Jahre 2010, am 27. Februar, gab es in Chile ein Erdbeben der Stärke 8.8 und das führte zu einer Verschiebung der Erdachse von 8 cm. Dadurch hat sich die Länge des Tages um 1,26 Mikrosekunden verkürzt. Eine Mikrosekunde ist der millionste Teil einer Sekunde. Das Erdbeben in Japan wurde auch in Mitteleuropa von verschiedenen Erdbebenstationen registriert. Es dürfte zu den fünf stärksten Ereignissen seit Menschengedenken gehören. Insgesamt wurden in der betroffenen Unglücksregion in Japan 25 Erdstöße ab der Stärke 6 registriert.

Erdbeben

Erdbeben treten nicht einzeln auf, sondern es gibt meist mehrere Vorbeben, ein Hauptbeben und dann mehrere Nachbeben. Man spricht von einem Erdbebenschwarm, wenn mehrere Erdbeben über einen längeren Zeitraum hinweg auftreten. Dies geschieht in vulkanisch aktiven Regionen. Im Jahre 1906 zerstörte ein großes Erdbeben die Stadt San Francisco. Die Erdoberfläche besteht aus mehreren Platten die sich gegeneinander bewegen. Besonders erdbebengefährdet sind die Gebiete an den Plattengrenzen: Platten können auseinandergehen (Spreizungszone), sich aufeinander zu bewegen (Kollisionszone) oder sich aneinander vorbei bewegen (Transformverwerfung). Bei diesen Bewegungen bauen sich Spannungen zwischen den Gesteinen auf. Durch ruckartige Bewegungen werden die Spannungen abgebaut und man nennt dies ein tektonisches Beben. Die dabei frei gewordene Energie kann das Hundertfache einer Wasserstoffbombe betragen. In vulkanischen Zonen kann aufströmendes Magma Erdbeben auslösen. Dabei wird aber weitaus weniger Energie freigesetzt als durch tektonische Beben. Bei unterseeischen Beben besteht die Gefahr eines Tsunami. Bei einer ruckartigen Absenkung großer Teile des Meeresbodens entstehen Wellen, die am offenen Meer kaum bemerkt werden. Sie breiten sich mit etwa 800 km pro Stunde aus. An den flachen Küstengebieten steilen sich die Wellen jedoch auf. Am 26. Dezember 2004 starben bei einem Erdbeben mit anschließendem Tsunami im indischen Ozean 230 000 Menschen.

Abb. 28: Tektonische Platten.
An deren Rändern liegen besonders stark erdbebengefährdete Gebiete.

2.4 Planetenkonstellationen – Erdbeben und andere Katastrophen?

Können bestimmte Stellungen, Konstellationen, von Planeten Störungen auf der Erde auslösen und so beispielsweise zu Erdbeben führen? Die Erde bewegt sich gemeinsam mit den sieben anderen großen Planeten um die Sonne, doch für einen Sonnenumlauf benötigen die Planeten unterschiedlich lange wie in Tabelle Abb. 29 angegeben ist. In dieser Tabelle findet man auch die größte und kleinste mögliche Entfernung der Planeten von der Erde. Wie ja erwähnt, hängen die Kräfte (Schwerkraft) vom Quadrat des Abstandes des Planeten zur Erde ab. Der Einfluss des Jupiters auf die Erde ist bei seiner größten Entfernung zur Erde um etwa ¼ geringer, da er bei der größten Entfernung mit fast 1000 Millionen km doppelt so weit von uns entfernt ist wie bei seiner größten Erdnähe.

Planet	Umlaufdauer siderisch	Umlaufdauer synodisch	Abstand von der Sonne	Größte Erdentfernung	Kleinste Erdentfernung
Merkur	87,96 Tage	115,88 Tage	57,9 Mio km	220 Mio km	80 Mio km
Venus	224,70 Tage	583,92 Tage	108,2 Mio km	260,9 Mio km	38,3 Mio km
Erde	365,256 Tage	-	150 Mio km		
Mars	686,98 Tage	779,94 Tage	227,2 Mio km	400,0 Mio km	55,5 Mio km
Jupiter	11,86 Jahre	398,88 Tage	778 Mio km	967 Mio km	588 Mio km
Saturn	29,458 Jahre	378,09 Tage	1427 Mio km	1658 Mio km	1193 Mio km
Uranus	84,01 Jahre	369,66 Tage	2870 Mio km	3160 Mio km	2590 Mio km
Neptun	164,79 Jahre	367,49 Tage	4497 Mio km	4689 Mio km	4304 Mio km

Abb.29: Umlaufdauer der Planeten (siderisch, bezogen auf die Position am Himmel und synodisch, bezogen auf die Erde).

In dieser Tabelle ist sowohl die siderische als auch die synodische Umlaufdauer angegeben. Die Siderische Umlaufdauer zeigt, wann sich ein Planet wieder an derselben Position am Himmel befindet. Steht also z.B. im Jahre 2013 der Planet Jupiter im Sternbild Stier, so steht er erst wieder nach 11,86 Jahren (also einem siderischen Umlauf) in diesem Sternbild. Jupiter steht am 4.1.2014 in Erdnähe und befindet sich dann nach einem synodischen Umlauf am 5.2.2015 wieder in Erdnähe.

Um also den Einfluss der Planeten infolge deren Anziehung zu uns zu untersuchen, müssen wir nicht deren Position am Himmel (gegeben durch die siderische Bewegung), sondern die synodische Umlaufdauer berücksichtigen. Der Einfluss der Planeten hängt auch von deren Masse ab. In Tabelle Abb. 30 sind die Planetenmassen gegeben in absoluten Zahlen und bezogen auf die Masse der Erde. Diese Tabelle zeigt sehr deutlich den Unterschied zwischen den Riesenplaneten Jupiter, Saturn, Uranus und Neptun zu den erdähnlichen Planeten, Merkur, Venus, Erde und Mars. Auch sieht man, dass Jupiter etwa die dreifache Masse der Summe der Massen aller anderen Planeten besitzt. Jupiter ist aber dennoch winzig im Vergleich zur Sonne: Ihre Masse übertrifft die des Jupiter um das 1000 fache. Auch deren Durchmesser entspricht 10 aneinandergereihten Kugeln des Jupiter. Im Vergleich zur Erde besitzt die Sonne die 330 000 fache Masse sowie den hundertfachen Durchmesser. Die anderen Körper des Sonnensystems (Asteroiden, Zwergplaneten, Kometen) fallen hier nicht ins Gewicht.

Planet	Masse in kg	Masse (Erde=1)
Merkur	$3,3 \times 10^{23}$	0,05
Venus	$4,9 \times 10^{24}$	0,81
Erde	$5,9 \times 10^{24}$	1,0
Mars	$6,4 \times 10^{23}$	0,1
Jupiter	$1,9 \times 10^{27}$	330
Saturn	$5,7 \times 10^{26}$	95
Uranus	$8,6 \times 10^{25}$	14
Neptun	$1,0 \times 10^{26}$	17

Abb. 30: Die Massen der Planeten.

Zerreißen Planeten die Erde?

In der Tabelle Abb. 31: sieht man in der ersten Spalte, wann sich der größte Planet unseres Sonnensystems in Erdnähe befindet. Die zweite Spalte gibt die Erdnähe (Perigäum) für Saturn an. Zu diesen Zeiten ist der gravitative Einfluss der Planeten auf die Erde am größten. In den Jahren 2019 bis 2021 fallen die Zeitpunkte des Perigäums von Jupiter und Saturn innerhalb von etwa 20 Tagen zusammen. Dann addieren sich grob gesagt deren Kräfte.

Jupiter	Saturn
27.10.2011	04.04.2011
01.12.2012	15.04.2012
04.01.2014	28.04.2013
06.02.2015	10.05.2014
08.03.2016	23.05.2015
08.04.2017	03.06.2016
10.05.2018	15.06.2017
12.06.2019	27.06.2018
15.07.2020	09.07.2019
20.08.2021	21.07.2020
26.09.2022	02.08.2021
01.11.2023	15.08.2022
06.12.2024	27.08.2023
09.01.2026	08.09.2024
10.02.2027	21.09.2025
13.03.2028	04.10.2026
13.04.2029	18.10.2027
15.05.2030	30.10.2028
16.06.2031	13.11.2029
20.07.2032	27.11.2030
	11.12.2031

Abb. 31: Zeitpunkte der Erdnähe der beiden größten Planeten des Sonnensystems.

Am Himmel eng benachbart wird man die Planeten innerhalb der nächsten Jahre zu folgenden Zeitpunkten sehen (Tabelle Abb. 32). Vergleichen wir nun beide Tabellen, dann ergibt sich, dass obwohl die beiden Planeten im Jahre 2020 zweimal hintereinander eng benachbart am Himmel zu sehen sein werden (18.5. und 20.12.), dieses schöne Naturschauspiel nicht zu Zeiten des Perigäums der beiden Objekte stattfindet.

Jupiter	Saturn	18.05.2020
Jupiter	Saturn	20.12.2020
Jupiter	Saturn	10.01.2040
Jupiter	Saturn	31.10.2040
Jupiter	Saturn	16.06.2041
Jupiter	Saturn	24.09.2059

Abb. 32: Zeitpunkte, wann die beiden größten Planeten von der Erde aus gesehen nahe beieinander am Himmel erscheinen.

Die unten stehende Abbildung zeigt wie sich die Entfernungen des Jupiter (blau) und Saturn (rot) zur Erde ändern.

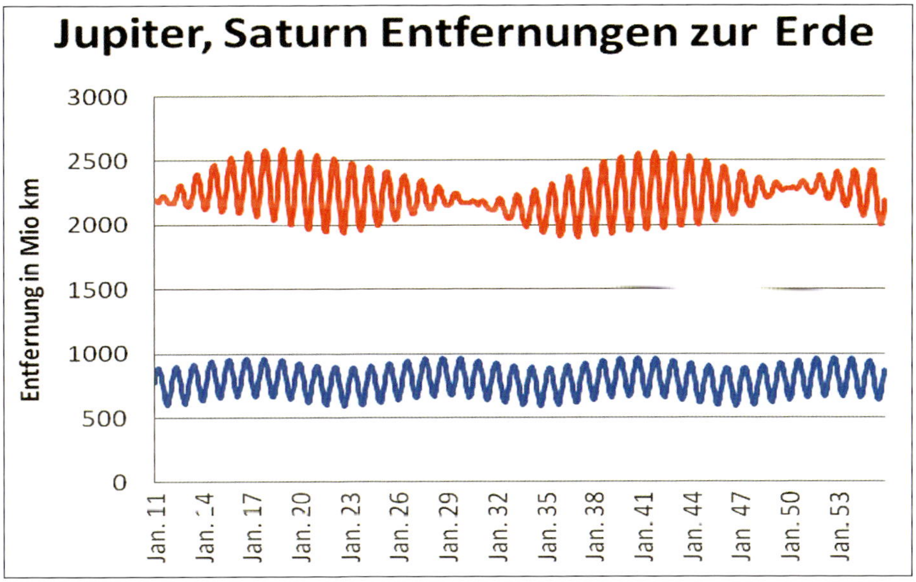

Abb. 33

Betrachten wir noch die Konstellationen Venus und Jupiter. Diese beiden Planeten üben von allen anderen Planeten den größten Einfluss auf die Erde aus, Jupiter aufgrund seiner Masse und Venus aufgrund ihrer Nähe zur Erde. Die engen Begegnungen dieser beiden Planeten am Himmel sind in der Tabelle Abb. 34 gegeben.

Venus	Jupiter	11.05.2011	Venus	Jupiter	12.08.2025
Venus	Jupiter	15.03.2012	Venus	Jupiter	09.06.2026
Venus	Jupiter	28.05.2013	Venus	Jupiter	25.08.2027
Venus	Jupiter	18.08.2014	Venus	Jupiter	09.11.2028
Venus	Jupiter	01.07.2015	Venus	Jupiter	08.09.2029
Venus	Jupiter	31.07.2015	Venus	Jupiter	20.11.2030
Venus	Jupiter	26.10.2015	Venus	Jupiter	07.02.2032
Venus	Jupiter	27.08.2016	Venus	Jupiter	07.12.2032
Venus	Jupiter	13.11.2017	Venus	Jupiter	22.02.2034
Venus	Jupiter	22.01.2019	Venus	Jupiter	17.05.2035
Venus	Jupiter	24.11.2019	Venus	Jupiter	25.03.2036
Venus	Jupiter	11.02.2021	Venus	Jupiter	04.06.2036
Venus	Jupiter	30.04.2022	Venus	Jupiter	23.07.2036
Venus	Jupiter	02.03.2023	Venus	Jupiter	03.06.2037
Venus	Jupiter	23.05.2024	Venus	Jupiter	23.08.2038

Abb. 34: Enge Begegnungen der beiden Planeten Jupiter und Venus am Himmel.

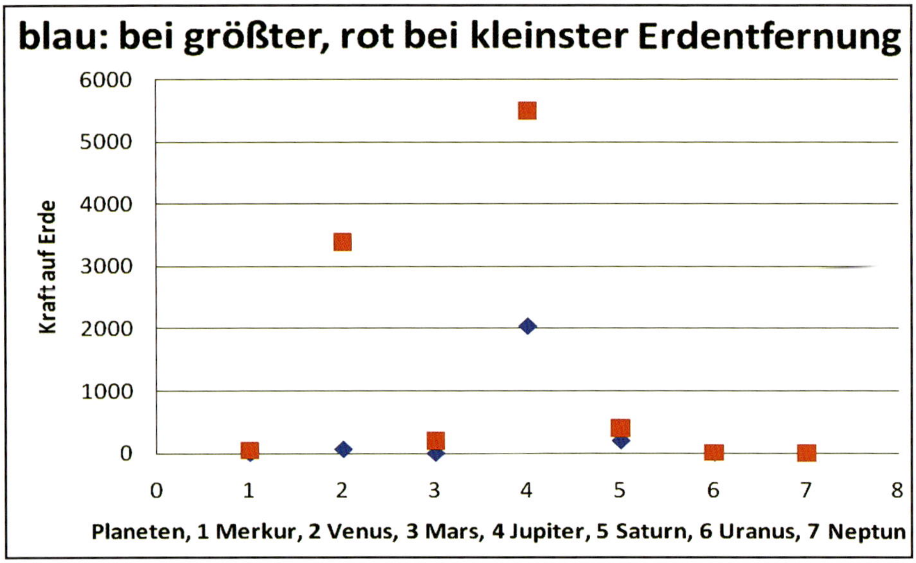

Abb. 35

Der Einfluss der Planeten auf die Erde (Beschleunigung) ist in Abb. 35 als Funktion bei geringstmöglicher Entfernung zur Erde (rot) und bei größtmöglicher Entfernung zur Erde (blau). Man beachte, dass die Unterschiede zwischen den Beschleunigungen am größten für Venus und Jupiter sind. Die Beschleunigung von Venus auf die Erde ist bei ihrer größten Entfernung praktisch vernachlässigbar, bei ihrer kleinsten Entfernung ist sie beinahe doppelt so stark wie die von Jupiter bei seiner größten Entfernung. Der Planet mit dem drittstärksten Einfluss auf die Erde ist der Saturn, alle anderen Planeten (auch Mars) haben auf Grund ihrer geringen Masse (Mars) oder ihrer großen Entfernung zur Erde (Merkur, Uranus, Neptun) keinen Einfluss.

Schwerkraft und Gezeitenkraft

Die Gravitation (Schwerkraft): deren Stärke nimmt mit dem Quadrat der Entfernung ab und sie hängt natürlich von der Masse des Himmelskörpers ab, der auf uns eine Störung ausübt. Stellen wir uns einen Planeten A vor mit einer Erdmasse in einer bestimmten Entfernung. Ein Planet B sei in der doppelten Entfernung. Er soll ebenfalls eine Erdmasse besitzen. Seine Schwerkraftwirkung auf uns ist nur ¼ der des Planeten A. Damit Planet B denselben Einfluss auf uns hat wie der Planet A müsste er die vierfache Masse besitzen. Vergleichen wir den Schwerkraftseinfluss der Sonne und des Mondes auf die Erde. Die Sonne ist 400 mal weiter entfernt als der Mond, bei gleicher Masse wie der Mond (1/80 der Erdmasse) wäre ihre Schwerkraftwirkung um 1/(400*400)= 1/160000 geringer als die des Mondes. Ihre Masse ist

aber rund das 30 Millionenfache der Mondmasse, also ist ihre Gravitationswirkung auf die Erde um das 200 fache größer als die des Mondes. Wir wissen natürlich, dass das so ist: unsere Erde bewegt sich bekanntlich um die Sonne und nicht um den Mond.
Eine weitere Wirkung der Störung eines Planeten ist die Gezeitenkraft. Dadurch können Planeten auseinandergerissen werden. Diese Kraft hängt wieder von der Masse des störenden Planeten ab, nimmt aber mit der Dritten Potenz der Entfernung ab. Bleiben wir nochmals beim Beispiel Erde-Mond. Die Gezeitenkraft der Sonne beträgt (30 000 000)/(400 x 400 x 400) der des Mondes, das Ergebnis lautet 0,46. Das heißt, die Gezeitenkraft des Mondes ist doppelt so stark wie die der Sonne. Gezeitenkräfte, die Ebbe und Flut verursachen, einen Planeten deformieren usw. nehmen also sehr schnell mit der Entfernung des störenden Körpers ab.

Die Erde wird zerrissen, Weltuntergang im Jahre 2000

Im Jahre 2000 am 5. Mai war es soweit: die Planeten standen in einer Linie, dadurch würden auf die Erde so starke Gezeitenkräfte ausgeübt, dass diese zerrissen würde. Ein wirklich schauriger Weltuntergang. Schauen wir uns die Kräfte an, die am 5. Mai auf die Erde einwirkten:

Objekt	**Entfernung zur Erde**	**Schwerkraft**	**Gezeitenkraft**
Sonne	$1{,}521 \times 10^{8}$	$5{,}7 \times 10^{-3}$	$9{,}6 \times 10^{-7}$
Mond	$3{,}6 \times 10^{5}$	$3{,}7 \times 10^{-5}$	$2{,}09 \times 10^{-6}$
Merkur	$2{,}07 \times 10^{8}$	$5{,}1 \times 10^{-10}$	$6{,}3 \times 10^{-14}$
Venus	$2{,}57 \times 10^{8}$	$4{,}8 \times 10^{-9}$	$4{,}8 \times 10^{-13}$
Mars	$3{,}77 \times 10^{8}$	$3{,}0 \times 10^{-10}$	$2{,}03 \times 10^{-14}$
Jupiter	$9{,}27 \times 10^{8}$	$1{,}5 \times 10^{-7}$	$4{,}0 \times 10^{-12}$
Saturn	$1{,}62 \times 10^{9}$	$1{,}4 \times 10^{-8}$	$2{,}3 \times 10^{-13}$

Abb. 36

Der Einfluss der Planeten ist also vernachlässigbar wie die Tabelle schön zeigt. In der Abbildung 37 sieht man die Position der Objekte am Himmel. Drei Planeten (Mars, Saturn und Jupiter) befinden sich links von der Sonne, zwei Planeten (Merkur und Venus) rechts davon. Zu allem Überfluss steht auch noch der Mond darunter. Die Sache hat nur einen Schönheitsfehler: in Wirklichkeit stehen alle Planeten hinter der Sonne also am weitesten von der Erde entfernt. Also haben wir noch einmal Glück gehabt (diese Bemerkung ist nicht ganz ernst zu nehmen). Wir haben den Gegenbeweis, es ist nichts dergleichen passiert.

Planetenstellungen und Erdbeben

Untersuchen wir, ob es einen Zusammenhang dieser Daten mit den Erdbebendaten vergangener Jahre gibt. Die letzten 10 Jahre zeigen in zwei Fällen eine Übereinstimmung, am Tage der Konjunktion Venus/Jupiter ereignete sich ein Erdbeben der Stärke größer als 7. In einigen anderen Fällen fand ein starkes Erdbeben entweder in einem Zeitraum von etwa 14 Tagen vor oder nach der Konjunktion statt. Da weltweit starke Erdbeben relativ häufig auftreten, bedeutet dies sicher keinen wirklichen Zusammenhang. Außerdem sind die von Venus und Jupiter ausgeübten Beschleunigungen relativ gering. Selbst wenn es einen Zusammenhang gäbe, würde er uns nicht nützen. Denn es gibt zu viele Gegenden auf der Erde wo sich Erdbeben ereignen könnten und man kann nicht jedesmal bei einer Planetenkonstellation Millionenstädte wie Los Angeles, San Francisco, oder Tokio evakuieren. Leider gibt es immer wieder Pseudowissenschaftler die das behaupten. Astrologen warnen bereits jetzt vor dem Jahr 2020. Der Einfluss von Jupiter und Saturn wird sich addieren, ganz eng stehen die beiden Planeten am 18.5. und am 20.12. am Himmel. Zum Glück ist aber Jupiter nicht in Erdnähe, das wird am 15.7. stattfinden. Venus befindet sich ohnehin ganz wo anders.

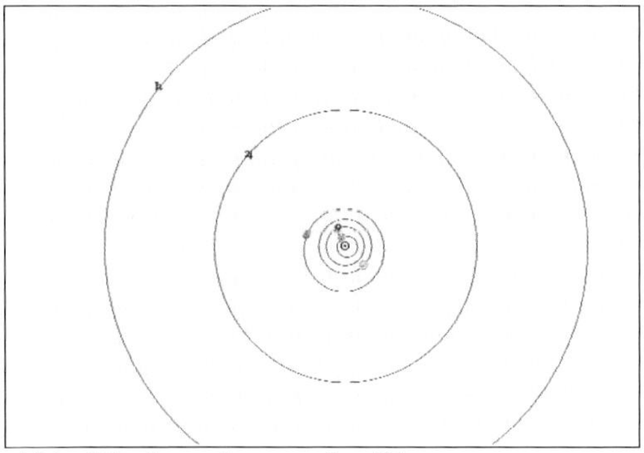
Abb. 37: Anordnung der Planeten am 5. Mai 2000.

Der Supermond

Am 19. März 2011 war Vollmond, an für sich nichts Besonderes. Aber in den Medien tauchte der Begriff Supermond auf. Was ist damit gemeint? Wie schon erwähnt, ist die Bahn des Mondes um die Erde eine Ellipse und so schwankt seine Entfernung zur Erde zwischen etwa 360 000 km (Erdnähe, Perigäum) und etwas mehr als 400 000 km (Erdferne, Apogäum). Am 19. März war der Mond gleichzeitig in Erdnähe dadurch erschien er etwas größer und heller als sonst. Da sich eine Woche vor diesem Zeitpunkt ein Jahrhunderterdbeben in Japan ereignet hatte, stellte man sich natürlich sofort die Frage, ob beide Ereignisse etwas miteinander zu tun haben. Kann ein Supermond, also wenn bei der Phase Vollmond der Mond in Erdnähe ist, ein Erdbeben auslösen? Die Antwort darauf ist eindeutig. Erstens fand das Erdbeben in Japan zu einer Zeit statt als der Mond in etwa im ersten Viertel stand, also sein Einfluss auf die Erde am geringsten war und natürlich war das ganze eine Woche vorher.

2.5 Woher stammen die Planetenringe?

Die Riesenplaneten Jupiter, Saturn, Uranus und Neptun besitzen Ringe.

Abb. 38: Größenvergleich Neptun und Erde. NASA

Diese Ringe stehen in der Äquatorebene der Planeten und bestehen aus sehr vielen kleinen cm bis m großen Fels- und Eisbrocken. Für die Entstehung dieser Ringe gibt es zwei Theorien. Nach der ersten Theorie werden Monde eines Planeten, welche diesem zu nahe kommen, auf Grund der starken Gezeitenkräfte zerrissen. Die Astrophysiker sprechen von der Roche Grenze. Sobald ein Planetenmond innerhalb dieser Grenze gerät, wird er praktisch auseinandergerissen. Möglicherweise befand sich bei der Bildung des Planeten noch Material innerhalb der Roche Grenze, es konnte sich aber eben auf Grund der starken Gezeitenkräfte nicht zu einem festen Körper bilden. Nach einer anderen Theorie entstanden die Planetenringe durch die Überreste der Teilchen, die während einer Kollision zwischen seinen Monden freigesetzt wurden. Saturn besitzt den bekanntesten Ring. Man kann ihn schon mit einem Amateurteleskop beobachten. Er besteht vorwiegend aus hellem Material, also Eisteilchen. Auch der größte Planet des Sonnensystems, der Jupiter besitzt einen Ring. Das Ringsystem des Jupiter ist sehr schwach und kann nur mit Satelliten beobachtet werden. Das Ringsystem des Uranus wurde durch einen Zufall entdeckt. Bei einer Sternbedeckung durch den Planeten am 10. März 1977 fanden Astronomen, dass es kurz vor der Bedeckung des Sternes durch Uranus zu einem Helligkeitsabfall der Sterne gekommen ist. Die Ringe des Uranus dürften nicht älter als 600 Millionen Jahre sein und durch Kollisionen zwischen seinen Monden entstanden sein. Seine Ringe bestehen aus sehr dunklem Material, möglicherweise sogar organischen Verbindungen.

Abb. 39: Planet Saturn mit seinen Ringen, die aus kleinen Eisenteilchen bestehen. Skizze: NASA

Die Ringe des Neptun sind ebenfalls sehr dunkel. Sie bestehen möglicherweise aus Staubpartikeln welche von Meteoriten, die auf seinem Mond einschlugen, stammen.

Abstürzende Marsmonde

Der Mars besitzt zwei Monde, Phobos und Deimos. Sie sind sehr klein im Vergleich zu Mars sowie unregelmäßig geformt. Zum ersten mal wurden sie 1877 gesehen. Phobos bewegt sich in nur 6000 km Entfernung von der Marsoberfläche. Er bewegt sich retrograd, geht also im Westen auf und im Osten unter und benötigt für seinen Marsumlauf nur 7 Stunden 39 Minuten. Er geht also im Laufe eines Marstages, der etwas länger als 24 Stunden dauert, mehrmals auf und unter. Auf Grund seiner unregelmäßigen Form beträgt seine Ausdehnung etwa

26 x 22 x 18 km. Seine Umlaufbahn um Mars liegt innerhalb der Rochegrenze. Er nähert sich auch dem Planeten und zwar um 1,8 Meter pro Jahrhundert. In etwa 60 Millionen Jahren wird Phobos daher abstürzen. Allerdings wird er sicher schon vorher durch die Gezeitenkräfte auseinandergerissen und seine Teilchen bilden dann möglicherweise einen Ring um den Planeten Mars. Für die Entstehung der Marsmonde gibt es mehrere Theorien. Zunächst vermutete man, dass es eingefangene Asteroiden sind. Neue Satellitendaten zeigen, dass die Monde auch das Überbleibsel einer Kollision sein könnten. Durch einen Asteroideneinschlag auf Mars wurde Material der Marskruste weggeschleudert, daraus bildeten sich dann die Marsmonde. Eventuell sind es aber auch Überreste eines älteren etwas größeren Mondes.
Lange vor der tatsächlichen Entdeckung der Monde erwähnte J. Swift in seinem Roman Guillivers Reisen, dass zwei kleine Sterne oder Satelliten den Mars umkreisen. Dabei werden Daten für diese Monde angegeben, die mit den tatsächlich gemessenen verblüffend gut übereinstimmen. Es ist völlig unklar, weshalb J. Swift bereits im Jahre 1727, also mehr als 150 Jahre vor deren Entdeckung, von den beiden Marsmonden wusste.

Jedenfalls scheint das Schicksal des Marsmondes Phobos besiegelt: er wird entweder auf die Marsoberfläche stürzen oder vorher durch Gezeitenkräfte auseinandergerissen. Eine wahrhaft kosmische Katastrophe zeichnet sich auf Mars ab.

Deimos ist etwas kleiner: 15 x 12 x 11 km.

Abb. 40: Marsmond Phobos.
Photo: NASA/JPL

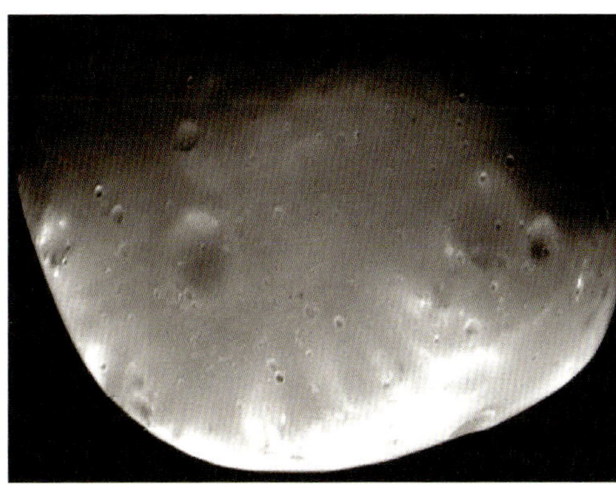

Abb. 41: Marsmond Deimos.
Foto: NASA/JPL

Ein großer Mond stürzt auf Neptun

Neptun's größter Mond heißt Triton. Sein Durchmesser beträgt 2707km. Sein Umlauf um Neptun ist retrograd, also in entgegengesetztem Sinne zur Rotation des Neptun und er ist etwa so weit wie unser Mond von uns von der Oberfläche des Neptun entfernt. Durch diese Nähe ist er auch starken Gezeitenkräften ausgesetzt und er wird in den nächsten 100 Millionen Jahren in den Bereich der Rochegrenze gelangen. Dabei wird er auseinandergerissen und Neptun wird ein spektakuläres Ringsystem erhalten, vielleicht ähnlich hell wie das des Saturn.

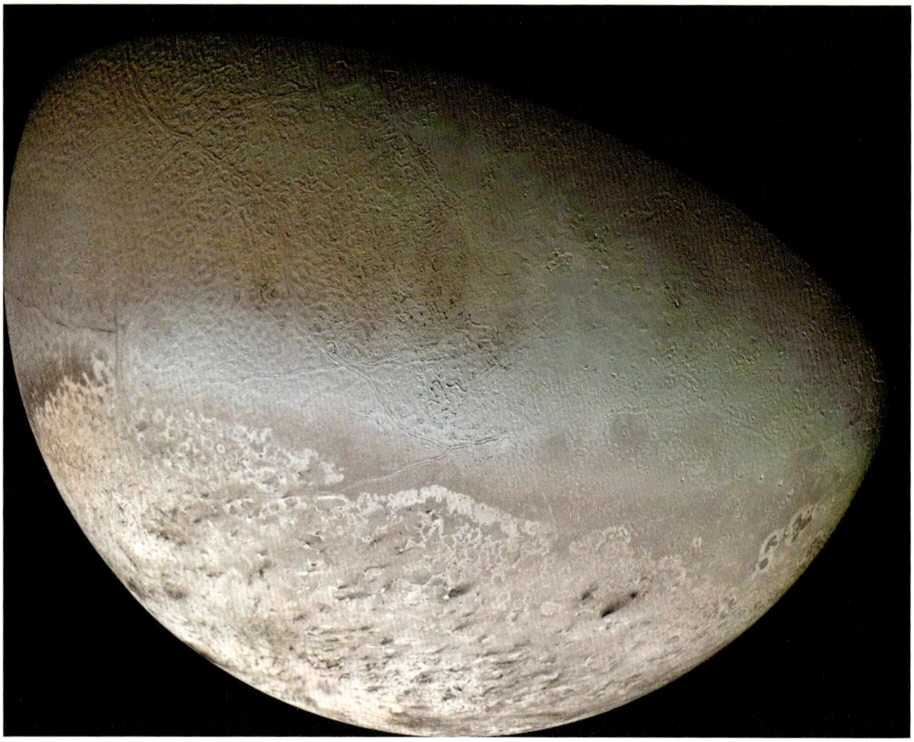

Abb. 42: Neptunmond Triton. Aufnahme Voyager. NASA

Zusammenfassung:
Unser Sonnensystem mit seinen acht Planeten ist relativ stabil. Auf größere Zeitskalen gesehen gibt es jedoch Kollisionen der Monde auf Planeten, Änderungen der Planetenbahnen usw.

Kapitel 3:

Sonne und Erde im Kosmos

3.1. Unsere kosmische Heimat

Wo befindet sich die Sonne mit ihren acht großen Planeten? Was ist unsere kosmische Nachbarschaft, und ändert sich diese?

Die Milchstraße

Wann haben sie das letzte Mal den Sternenhimmel beobachtet? Richtig schön ist das natürlich nur bei vollkommener Dunkelheit, abseits von künstlichen irdischen Lichtquellen wenn auch der Mond nicht scheint. Ein Blick zum Sternenhimmel zeigt sofort, dass die Sterne nicht gleichmäßig verteilt sind. Besonders im Sommer und im Herbst sieht man abends das zart schimmernde Band der Milchstraße. Der Name kommt aus der griechischen Mythologie. Der Göttervater Zeus ist bekannt für seine zahlreichen Liebschaften. So hatte er auch mit der sterblichen Frau Alkmene ein Verhältnis, das nicht ohne Folgen blieb. Der Sohn Herakles war geboren. Da aber Alkmene eine gewöhnlich sterbliche Frau war, musste es auch Herakles sein. Dies geziemt sich jedoch nicht für einen (wenn auch nur außerehelichen) Sohn des Zeus und er hat Herakles heimlich an der Brust seiner göttlichen Gattin Hera trinken lassen. Offenbar muss Herakles großen Durst gehabt haben, er trank so heftig, dass Hera erwachte und vor lauter Schreck den ihr fremden Herakles beiseite stieß. Dabei ergoss sich ein Milchstrahl über den Himmel, und das Wort Galaxis kommt vom griechischen galaxias was Milch bedeutet. Die wahre Natur der Milchstraße war den Griechen unbekannt.

Im Jahre 1609 richtete Galileo Galilei zum ersten mal ein Fernrohr an den Himmel. Galilei hat das Fernrohr nicht erfunden, sondern nachgebaut. Verglichen mit heutigen Instrumenten war es eine sehr einfache Konstruktion. Aber Galilei machte damit bahnbrechende Entdeckungen. Als er das Fernrohr zur Milchstraße richtete, sah er lauter einzelne Sterne. Er zog daraus den richtigen Schluss, dass die Milchstraße oder Galaxis in Wirklichkeit aus sehr vielen Einzelsternen besteht. Die alten Germanen nannten die Milchstraße auch Iringstraße. Ein afrikanischer Stamm nannte sie Rückgrat der Nacht.

Die Form der Milchstraße

Im Jahre 1785 machte der Astronom W. Herschel umfangreiche Sternzählungen. Durch solche Untersuchungen war man sich rasch im Klaren, dass wir in einem riesigen Sternsystem, der Milchstraße, Galaxis, beheimatet sind. Das System muss scheibenförmig abgeplattet sein. Allerdings war das Bild, das Herschel von der Milchstraße hatte kaum dem heutigen ähnlich. Es war zu dieser Zeit nicht bekannt, dass es neben den Sternen auch dunkle Wolken gibt, die das Licht der Sterne absorbieren. Für uns ist das nahezu selbstverständlich. Beobachten sie die Milchstraße! Es ist unschwer zu erkennen wie das zart schimmernde Band an mehreren Stellen unterbrochen scheint. Dies sind die Staubwolken, welche das Licht dahinter gelegener Sterne so stark abschwächen. Der Durchmesser der Galaxis beträgt 100 000 Lichtjahre. Licht benötigt von einem Ende zum anderen also 100 000 Jahre. Würde man in einem Raumschiff mit Lichtgeschwindigkeit die Galaxis der Länge nach durchqueren, würde man 100 000 Jahre benötigen.

Es gelang auch den Platz unseres Sonnensystems in der Milchstraße zu bestimmen. Zunächst glaubte man, die Erde und somit das Sonnensystem sitzt im Zentrum der Milchstraße. Wie wir noch sehen werden, können wir froh darüber sein, uns nicht im Zentrum zu befinden, sondern dass wir ungefähr 30 000 Lichtjahre vom Zentrum entfernt sind. Von der Seite her gesehen, ist unsere Milchstraße abgeplattet, wie eine Scheibe mit einer zentralen Verdickung. Übrigens gehören alle der sowohl am Nord- als auch Südhimmel mit freiem Auge sichtbaren 6000 Sterne zur Milchstraße. Nur sind diese wesentlich näher. Um 1920 herum war das Weltbild folgendermaßen: wir leben in einer Galaxie, der Milchstraße, deren Größe und Ausdehnung bekannt war.

Abb.43: So würde unsere Milchstraßen von oben gesehen von einem außerhalb befindlichen Beobachter erscheinen. Sun bezeichnet die Position der Sonne bzw. des Sonnensystems in einem der Spiralarme.

Welche Form hat die Milchstraße? Dies lässt sich durch Beobachtungen im sichtbaren Licht allein nicht feststellen. Um 1930 herum sollte der Ingenieur G. Jansky im Auftrage einer amerikanischen Telefongesellschaft Störsignale im Kurzwellenband erforschen. Zu diesem Zweck baute sich Jansky eine Antenne. Dabei machte er eine überraschende Entdeckung. Er fand ein Rauschsignal, welches jeden Tag zu einer bestimmten Zeit ein Maximum hatte. Allerdings stellte sich bald heraus, dass sich dieses Maximum von Tag zu Tag um 4 Minuten verschob. Das ist genau der Unterschied zwischen siderischer (auf die Sterne bezogene) und synodischer Rotation der Erde. Dieser Unterschied ist sehr leicht zu verstehen. In Bezug auf die Sterne dreht sich die Erde in nur 23 Stunden 56 Minuten einmal um die eigene Achse. Damit die Sonne wieder gleich hoch am Himmel steht, muss sich die Erde noch 4 Minuten lang weiterdrehen. Das macht in einem Jahr einen Tag aus. Geht z.B. heute ein Stern gegen 20 Uhr abends auf, so geht er morgen bereits um vier Minuten früher auf, nach einem Monat um 2 Stunden früher. Der Unterschied rührt von der Bewegung der Erde um die Sonne.
Zurück zu den Beobachtungen Janskys. Er sah also eine Quelle am Himmel, die im Radiobereich leuchtete und sich pro Tag um 4 Minuten verschob. Erst später wurde klar, dass Jansky so eine der stärksten Radioquellen am Himmel gefunden hatte: das Zentrum unserer Milchstraße.
Radiosignale können durch Staubwolken ungestört hindurchgehen. Eine sehr wichtige Radiostrahlung findet man bei einer Frequenz von 1440 MHz. Dies entspricht einer Wellenlänge von 21 cm. Diese Strahlung stammt von Wasserstoff. Das Wasserstoffatom ist das häufigste und das einfachste Atom im Universum. Es besteht aus einem Proton im Kern, welches positiv geladen ist und einem negativ geladenen Elektron welches um den Kern kreist. Proton und Elektron rotieren, die Physiker nennen dies Spin. Es macht nun einen sehr kleinen Energieunterschied ob der Spin des Protons

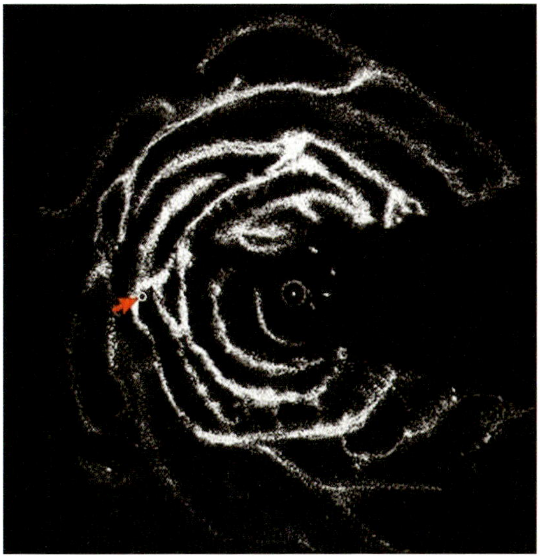

Abb. 44: Die 21 cm Radiostrahlung der Milchstraße.

gleich dem Spin des Elektrons ist oder nicht, ob also beide im gleichen Sinne rotieren oder das Elektron quasi retrograd rotiert. Dieser feine Energieunterschied wird abgestrahlt und erscheint als eine im Radiobereich bei 21 cm sichtbare Strahlung. Durch Messung dieser Strahlung gelingt es die Verteilung des neutralen Wasserstoffs in der Milchstraße unabhängig von der interstellaren Absorption zu messen. Dadurch zeigt sich: unsere Milchstraße ist eine Spiralgalaxie, wir leben in einem der Spiralarme, jedoch befinden wir uns nicht genau in der Ebene der Milchstraße.

Galaxien außerhalb der Milchstraße?

Zu Beginn des 20. Jahrhunderts blieb eine wichtige Frage offen: sehr oft beobachtet man am Himmel Nebel. Neben diffusen Nebeln gibt es auch spiralförmige Objekte oder elliptische. Man dachte zunächst, dass all diese nur Objekte in unserer Milchstraße sind. Das Universum hatte also nach der damaligen Vorstellung (vor etwa 100 Jahren) eine Ausdehnung von 100 000 Lichtjahren. Es wurden neue leistungsfähigere Teleskope gebaut, unter anderem auch ein 2,5 m Spiegelteleskop auf dem Mount Wilson. Dieses 100 Inch Teleskop wurde 1917 in Betrieb genommen und war damals eine Sensation. In den Jahren 1922-1923 beobachtete der Astronom E. Hubble intensiv den Andromedanebel M31.

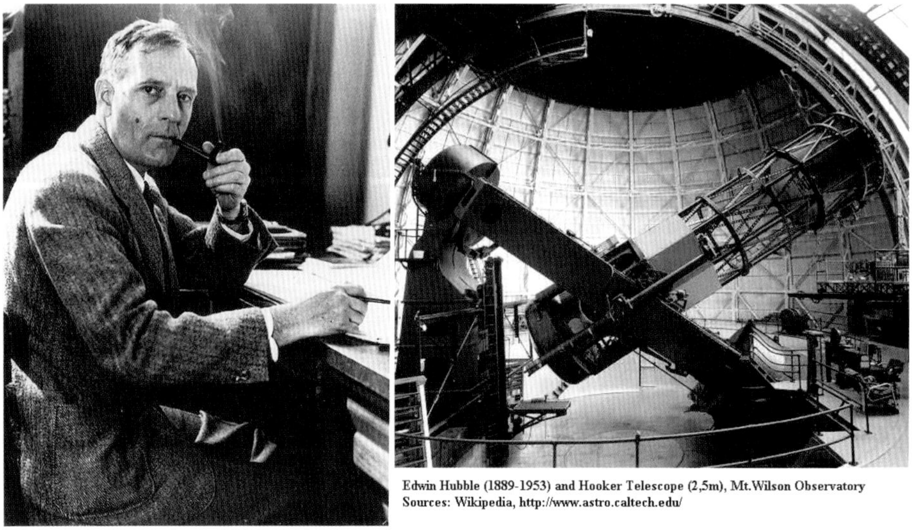

Edwin Hubble (1889-1953) and Hooker Telescope (2,5m), Mt.Wilson Observatory
Sources: Wikipedia, http://www.astro.caltech.edu/

Abb. 45: E. Hubble und das 2.5 m Mt Wilson Teleskop mit dem zum erstenmal nachgewiesen wurde, dass die Andromedagalaxie eine außerhalb unseres Systems gelegene Galaxie ist.

Er fand darin veränderliche Sterne, die man schon von unserer Milchstraße her kannte, sogenannte Cepheiden. Damit war klar, dass der Andromedanebel aus Sternen besteht und aus der Periode des Lichtwechsels der Cepheiden kann man sofort auf deren wahre Helligkeit schließen. Durch Vergleich mit der leicht messbaren scheinbaren Helligkeit folgt die Entfernung. Das Ergebnis Hubble's war eindeutig: der Andromedanebel ist eine von uns unabhängige eigenständige Galaxie im Universum; damals bestimmte er dessen Entfernung zu uns mit etwa 800 000 Lichtjahren, der moderne Werte liegt bei über 2,5 Millionen Lichtjahren. Dies wurde im Jahre 1924 veröffentlicht. Damit hat sich also unser Universum was seine Ausdehnung anbelangt, enorm vergrößert.

Noch heute beobachten wir immer weiter entfernte Galaxien, bis zu einer Entfernung von mehreren Milliarden Lichtjahren.

Abb.46: Die Andromedagalaxie M 31.

Wo stehen wir?

Unsere Erde ist von der Sonne aus gesehen der dritte Planet. Die Sonne ist der uns am nächsten stehende Stern in 150 000 000 km Entfernung und die Sonne dominiert das Sonnensystem. Unsere Sonne ist einer unter sehr vielen anderen Sternen die zur Milchstraße, Galaxis, gehören. Die Gesamtzahl der Sterne in der Galaxis wird auf etwa 200-300 Milliarden geschätzt.

Wir sind etwa 30 000 Lichtjahre vom Zentrum der Milchstraße entfernt und bewegen uns in etwa 200 Millionen Jahren einmal um dieses Zentrum. Die Milchstraße erscheint als abgeplattete Scheibe mit Spiralstruktur. Die Dicke dieser Scheibe beträgt nur etwa 3000 Lichtjahre. Der Kernbereich (engl. Bulge) hat eine Ausdehnung von etwa 16 000 Lichtjahren. Neben unserer Galaxis gibt es zahlreiche andere extragalaktische Systeme, Galaxien genannt. Wieviele es genau gibt, kann niemand sagen, sicher sind es einige Milliarden. Jede von ihnen enthält wieder einige 100 Milliarden Sterne.

3.2 Die Reise um das Milchstraßenzentrum

Das Zentrum der Milchstraße

Unsere Sonne und damit das gesamte Sonnensystem bewegen sich um das Zentrum der Milchstraße, welches sich im Sternbild Sagittarius (Schütze) befindet. Leider können wir nicht direkt das Zentrum beobachten weil es dort große Mengen von Gas und Staub gibt, die das Licht dahinter gelegener Sterne absorbieren. In anderen Wellenlängenbereichen kann man aber durch den Staub hindurchsehen, so z.B. im Radiobereich. Dies wurde im Kapitel früher gezeigt (21 cm Linie des neutralen Wasserstoffs). Im Zentrum befindet sich eine Radioquelle, also ein Objekt das intensive Radiostrahlung aussendet. Das wurde von Jansky, der um 1930 im Auftrag einer Telefongesellschaft Messungen von Störsignalen machen sollte, durch einen Zufall entdeckt. Interessanterweise fand die Veröffentlichung Janskys zunächst in der Astronomie kaum Beachtung.

Nähern wir uns dem Zentrum, dann wird die Sterndichte deutlich höher. Trotzdem ist die Wahrscheinlichkeit von Sternkollisionen gering. Betrachten wir ein Modell für die Verteilung der Sterne in unserer Nachbarschaft. Wenn die Sonne zur Größe einer Kirsche zusammengeschrumpft wäre, dann hätte das Sonnensystem bis zu dem äußersten großen Planeten Neptun bequem auf einem Fußballfeld Platz. Der nächste Stern wäre jedoch etwa 300 km weit entfernt und besitzt ebenso etwa Kirschgröße. Man braucht kein Mathematikgenie zu sein um zu begreifen, dass Zusammenstöße zwischen etwa 300 km weit entfernten Kirschen sehr unwahrscheinlich sind. Nehmen wir nun an, im Zentrum herrscht die 1000 fache Dichte der Sterne. Dann wäre der nächste Stern nur mehr etwa 300 mal so weit entfernt wie der Abstand Erde-Sonne. Doch zurück zum Kirschenmodell der Verteilung. Die nächste Kirsche wäre dann immer noch 300 m entfernt, also Zusammenstöße zwischen 300 m entfernten Kirschen sind auch nicht gerade sehr häufig.

Doch das Zentrum bietet noch weitere Überraschungen. Im Zentrum unserer Milchstraße befindet sich ein sogenanntes supermassives Schwarzes Loch (englisch supermassive black hole smbh). Dies wurde anhand der Sternbewegungen in der Umgebung des smbhs nachgewiesen. Sterne bewegen sich auf speziellen Bahnen um das galaktische Zentrum und aus dem dritten Keplergesetz kann man auf die Masse schließen die dieses Objekt hat. Das Ergebnis war verblüffend: die Sterne nahe dem galaktischen Zentrum bewegen sich um eine Masse die das Millionenfache der Sonnenmasse beträgt. Ein derart schweres

massereiches Objekt kann kein Stern sein und da man es sonst durch Strahlung nicht nachweisen kann, muss es sich um ein supermassives Schwarzes Loch handeln.
Um die Bewegung von Sternen in der Umgebung des supermassiven Schwarzen Lochs zu messen, braucht man Beobachtungen mit einer sehr hohen räumlichen Auflösung. Die Sterne sind nämlich nicht Lichtjahre sondern nur etwa 1/1000 also weniger als ein Lichttag vom Zentrum entfernt. Sterne die weiter entfernt liegen, werden vom supermassiven Schwarzen Loch nicht mehr in ihrer Bewegung beeinflusst.
Die Beobachtungen können nicht im sichtbaren Licht gemacht werden, da hier der Staub die Strahlung der Sterne absorbiert, sondern man beobachtet im Infrarot oder im Röntgenbereich, sowie im Radiobereich. Beobachtungen im Infrarot und im Röntgenbereich kann man von der Erdoberfläche aus nicht durchführen, weil in diesen Wellenlängenbereichen die Erdatmosphäre undurchlässig ist. Deshalb ist man auf Satellitendaten angewiesen. Die zu messenden Positionsänderungen der Sterne sind sehr klein. Man muss eine Genauigkeit bei der Winkelmessung erreichen, die dem Winkel entspricht unter dem wir eine 1 Euro Münze in einer Entfernung von 10 000 km sehen würden. Radiobeobachtungen zeigen im Zentrum eine Radioquelle, die als Sagittarius A bezeichnet wird. Neben den erwähnten Positionsänderungen der nahe dem Milchstraßenzentrum stehenden Sterne, wurden auch Helligkeitsveränderungen im Zentrum beobachtet. Daraus kann man auf die Größe des supermassiven Schwarzen Lochs schließen und alle Beobachtungen passen in sich zusammen.

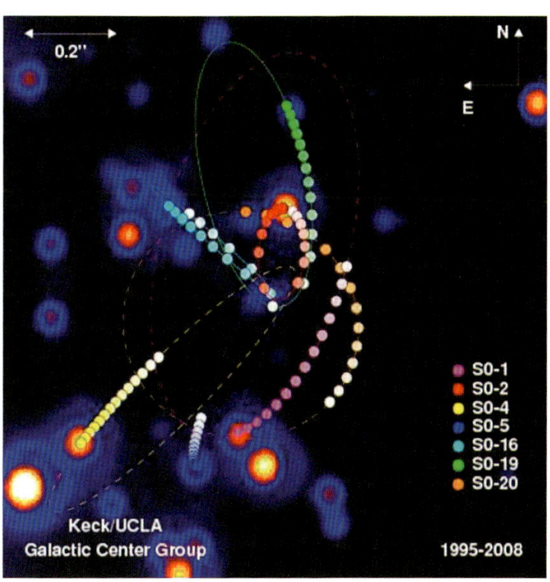

Abb. 47: Bewegung von Sternen nahe des supermassiven Schwarzen Lochs im Zentrum unserer Milchstraße. Aufnahme: Keck Teleskope.

Im Zentrum unserer Milchstraße sitzt ein galaktisches Monster das etwa 4 Millionen Sonnenmassen besitzt. Dieses Monster verschluckt Materie in einer Akkretionsscheibe um sich herum, dadurch blitzt es gelegentlich im Röntgenlicht auf, wobei die Strahlung von der Akkretionsscheibe und nicht vom Schwarzen Loch stammt. Wären wir also nahe dem galaktischen Zentrum, so wären wir dieser Strahlung ausgesetzt, deshalb nimmt man an, dass es nahe Galaxienkernen kein Leben geben kann.
Inzwischen wurden derartige Monster auch in Zentren anderer Galaxien gefunden.

Die Rotation von Galaxien – dunkle Materie

Wie schon erwähnt, bewegen sich alle Sterne der Galaxis um deren Zentrum. Am Ort der Sonne dauert ein Umlauf etwa 220 Millionen Jahre. Diese Zeitspanne nennt man auch platonisches Jahr. Die Umlaufgeschwindigkeit der Sonne um das galaktische Zentrum beträgt etwa 250 km/s. Das ist fast 10 mal so schnell wie sich die Erde um die Sonne bewegt, oder etwa 900 000 km/h. Würde man mit dieser Geschwindigkeit um die Erde fliegen, dann dauerte eine vollständige Erdumkreisung nur etwa 3 Minuten. Man würde annehmen, dass die Sterne umso langsamer um das galaktische Zentrum rotieren, je weiter sie von diesem entfernt sind. Dies kennt man von unserem Planetensystem. Der sonnennächste Planet, Merkur, benötigt für einen Umlauf nur 88 Tage, der etwa 10 mal weiter entfernte Jupiter benötigt dazu etwa 12 Jahre. Betrachtet man die Rotationsgeschwindigkeit der Sterne um das galaktische Zentrum, man nennt dies galaktische Rotationskurve, dann ergibt sich aber ein anderer Befund. In größerer Entfer-

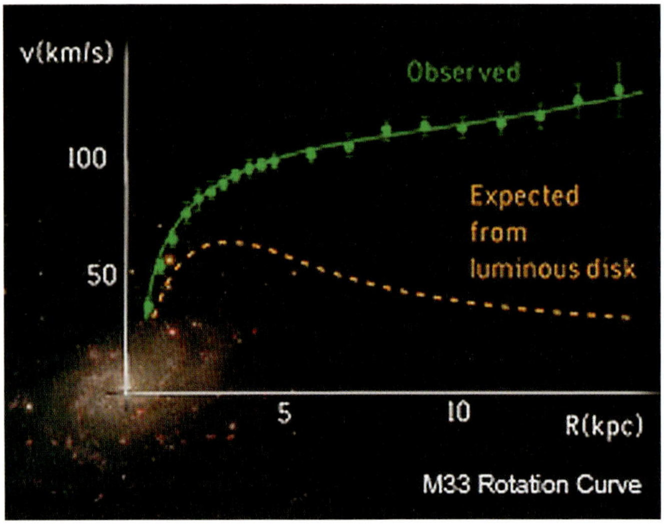

Abb. 48: Rotationskurve der Galaxie M33. R gibt die Entfernung vom galaktischen Zentrum in kiloparsec (kpc) an. 1 kpc=3260 Lichtjahre.

nung vom Zentrum bewegen sich die Sterne viel schneller als man vermuten würde. Deshalb muss es in den Außenbereichen einer Galaxie Materie geben, die diese Sterne beschleunigt. Diese Materie ist allerdings nicht sichtbar, sie sendet keinerlei Strahlung aus. Der einzige Hinweis darauf, dass es sie wirklich gibt, ist ihre Gravitationswirkung auf andere Sterne. Man nennt diese Form von Materie deshalb dunkle Materie. Wir sehen also: unsere Milchstraße hat noch zahlreiche Überraschungen und bei weitem ist noch nicht alles im Detail erforscht. Bemerkenswert ist, dass die Dunkle Materie etwa das 5 fache der normalen sichtbaren Materie ausmacht. Die meiste in der Milchstraße enthaltene Materie ist also für uns nicht beobachtbar.

Kosmische Katastrophen durch Sonnenbewegung?

Unser Sonnensystem befindet sich nicht genau in der galaktischen Ebene sondern wir liegen etwas nördlich davon. Der Ort der Sonne, und damit des Sonnensystems, ist aber nicht fest, sondern wir pendeln von oberhalb der galaktischen Ebene nach unterhalb dieser Ebene. Eine Periode dieser Pendelbewegung dauert etwa 60 Millionen Jahre. In der Ebene der Milchstraße ist die Dichte der Sterne etwas größer. Darüber hinaus ist der Raum zwischen den Sternen nicht leer. Das kann jeder selbst beobachten in einer klaren mondlosen, nicht von künstlichen Lichtquellen aufgehellten Nacht, wo man besonders an Sommer- und Herbstabenden die Milchstraße gut, als ein den Himmel durchquerendes zartleuchtendes Band, sieht. Dabei ist dieses Band nicht durchlaufend, sondern an zahlreichen Stellen unterbrochen. Dies sind Gebiete mit großen Staubwolken. Man nennt dies interstellare Materie. Sie absorbieren das Licht dahintergelegener Sterne und wir haben den Eindruck, als ob es dort keine Sterne gäbe, was natürlich nicht stimmt. Beim Durchgang der Sonne und des Sonnensystems durch die galaktische Ebene durchqueren wir Gebiete erhöhter Stern- und Staubdichte.

Es wurden Theorien entwickelt ob derartige Staubschichten Einflüsse auf die Erde haben. Erhöhte Staubkonzentration könnte das Sonnenlicht abschwächen und so zu einer globalen Abkühlung führen. Erhöhte Sternkonzentration kann die äußeren Teile des Sonnensystems destabilisieren. Wie wir noch sehen werden, gibt es eine kugelförmige Wolke aus Eis und Felsteilchen bestehend, die Oort'sche Wolke. Die Teilchen dort könnten durch vorbeiziehende Sterne gestört und ins Innere des Sonnensystems katapultiert werden. Dadurch erhöht sich die Wahrscheinlichkeit von Kollisionen mit den Planeten und es würde bei einer größeren Kollision zu einer globalen Katastrophe kommen. Neben diesen Teilchen könnte sich auch die kosmische Strahlung ändern. Diese verursacht in der Erdatmosphäre Schauer von geladenen Sekundärteilchen. Die Teilchen wirken dann als mögliche Kondensationskeime für Wolkenbildung, was sich auch wieder auf das Erdklima auswirkt.

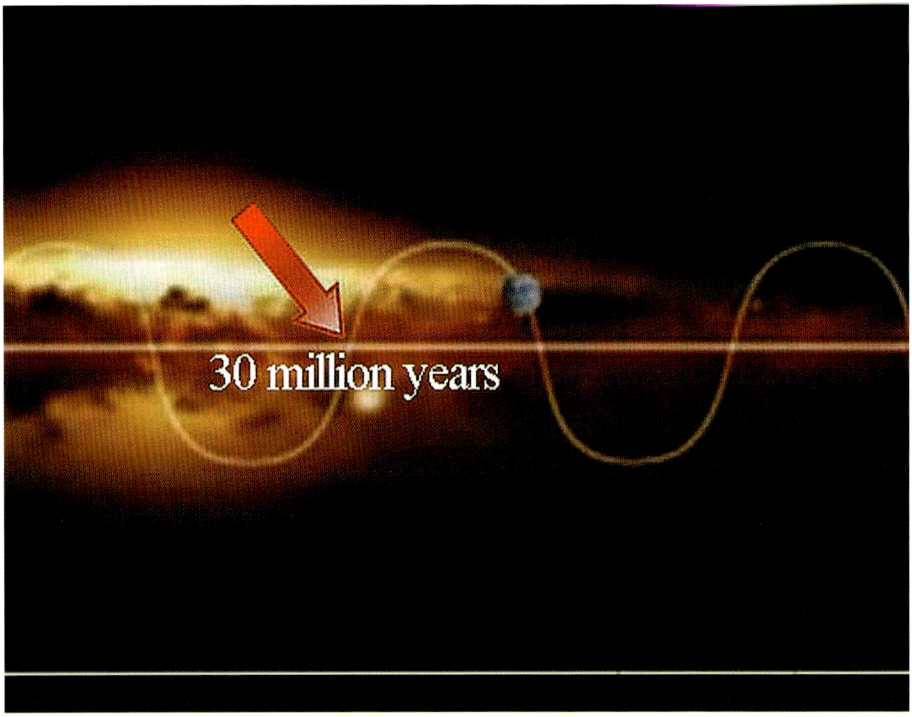

Abb. 49: Pendelbewegung der Sonne durch die galaktische Ebene. Alle 30 Millionen Jahre durchquert die Sonne diese Ebene.

Wir sehen daher: die Bewegung der Sonne und damit des gesamten Sonnensystems um das galaktische Zentrum könnte auch katastrophale Auswirkungen auf die Erde haben in Form von Klimaänderungen oder einer steigenden Rate an Kometen und Asteroideneinschlägen.

Spiralarme

Unsere Milchstraße ist eine Spiralgalaxie. Was zeichnet diese Spiralarme aus? In den Armen finden wir Gas und helle Sterne sowie Sternentstehungsgebiete. Wodurch die Spiralarme entstehen ist noch nicht ganz geklärt. Man kann ein sehr einfaches Modell einer Galaxie machen: Stellen wir uns viele tausende von kleinen Teilchen vor, die wir

spiralförmig anordnen und dann unter dem Einfluss ihrer gegenseitigen Schwerkraft um das Massenzentrum kreisen lassen. Solche Computermodelle zeigen, dass sich Spiralarme relativ rasch (im Laufe einiger hundert Millionen Jahre) aufwickeln. Da aber sehr viele Spiralgalaxien beobachtet werden, muss es einen Mechanismus geben, der diese Spiralarme stabil hält. Nach der Dichtewellentheorie sind die Spiralarme nur Zonen erhöhter Materiedichte. Die Sterne werden in diesen dichteren Bereichen durch Verdichtungen der interstellaren Materie geboren, bewegen sich dann aber wieder weg. Die Entwicklung sowie die Lebensdauer eines Sterns hängt von seiner Masse ab. Je massereicher, desto leuchtkräftiger ist ein Stern, aber er wird nur einige 10 Millionen Jahre alt. Deshalb finden wir die hellsten Sterne auch heute noch in der Nähe der Spiralarme, weil sie noch nicht weit weg gewandert sind, bzw. kann es kaum massereiche leuchtkräftige Sterne außerhalb der Arme geben, weil ihre Lebensdauer nicht ausreicht, um sich von den Armen weg zu bewegen. Die Sterne, die sich noch auf oder in der Nähe der Spiralarme befinden, sind jünger als 100 Millionen Jahre.
Gehen wir davon aus, dass im Durchschnitt alle Sterne etwa 100 Millionen Jahre brauchen bevor sie den Bereich der Spiralarme verlassen. Auch unsere Sonne und damit das gesamte Planetensystem war ursprünglich in einem Spiralarm entstanden, nur dort war die Materiedichte groß genug, dass der Kollaps einer interstellaren Wolke einsetzen konnte. Aber nach etwa 100 Millionen Jahren hat sich die Sonne von den Armen wegbewegt. Das hatte zwei wichtige Konsequenzen. Das Sonnensystem gelangte dadurch in Bereiche kleinerer Staubdichte und auch die Strahlung junger heißer Sterne wurde geringer. Beides hätte für das Leben auf der Erde katastrophale Effekte. In den ersten 100 Millionen Jahren müssen also alleine aus der damals anderen Position der Sonne in der Galaxis lebensfeindliche Bedingungen geherrscht haben. Spiralarme sind einerseits Orte der Sternentstehung weil nur dort die Dichte groß genug ist, andererseits kann es dort auch sehr ungemütlich werden.
Computersimulationen zeigen, dass sich Spiralarme laufend ändern. Der Kern einer Galaxie kann dabei auch eine Balkenform annehmen, dann ist er langgezogen. Unser Sonnensystem liegt am Rand des etwa 2000 Lichtjahre breiten und 20 000 Lichtjahre langen Orionarms. Dieser liegt wiederum zwischen dem Perseus Arm und dem Sagittarius Arm.

3.3. Galaxienkollisionen

Die Anordnung von Galaxien, die lokale Gruppe

Der typische Durchmesser einer Galaxie liegt bei etwa 100 000 Lichtjahren. Die Galaxien stehen nicht als Einzelobjekte im Universum, sondern sie gruppieren sich zu Galaxienhaufen. Zusammen mit der Andromedagalaxie und weiteren kleineren Zwerggalaxien bilden sie die, etwas fantasielos bezeichnete, lokale Gruppe. Die Mitglieder der lokalen Gruppe sind durch die Schwerkraft aneinander gebunden. Dabei ist etwa 95% der sichtbaren Masse in den beiden Hauptgalaxien Andromeda und unserer Milchstraße. Endlich nehmen wir also einmal doch eine wichtige Stellung ein, unsere Milchstraße gehört zu den größeren Galaxien. Die lokale Gruppe umfasst einen Umkreis von mindestens 5 Millionen Lichtjahren Radius. Das Licht der entferntesten Mitglieder der lokalen Gruppe ist also vor 5 Millionen Jahren zu uns gesendet worden. Bisher kennt man etwa 40 Zwerggalaxien; es müsste wesentlich mehr geben, damit die lokale Gruppe durch die Schwerkraft zusammengehalten wird. Diese Materie könnte wieder die schon bei der galaktischen Rotation gefundene dunkle Materie sein. Die lokale Gruppe mit ihren etwa 40 Mitgliedern ist ein relativ kleiner Galaxienhaufen.

Der Virgo Haufen

Es gibt wesentlich größere Galaxienhaufen, die einige 1000 Mitglieder besitzen. Ein sehr bekanntes Beispiel ist der Virgo Haufen, benannt nach dem Sternbild Virgo (Jungfrau) wo man die Galaxien dieses Haufens findet. Der Virgo Haufen enthält mindestens 1000 Galaxien und sein Zentrum ist etwa 65 Millionen Lichtjahre von uns entfernt. Im Jahre 1771 hat der Astronom Messier das erste Mitglied dieses Haufens gefunden. Messier hat einen Katalog von Objekten am Himmel verfasst, der noch heute als Messier Katalog bekannt ist und vor allem von Amateurastronomen intensiv verwendet wird. Der etwa 100 Objekte umfassende Katalog enthält nur relativ leicht beobachtbare helle Sternhaufen, Gasnebel und eben auch Galaxien. Mit einem guten Feldstecher bewaffnet, kann man sich während einer dunklen mondlosen Nacht auf die Suche nach Galaxien des Virgohaufens machen: die meisten Galaxien findet man als schwach leuchtende diffuse Wölkchen zwischen den Sternen Epsilon Vir und dem hellen Denebola im Sternbild des Löwen.

Der Virgo Haufen wiederum ist Bestandteil des Virgo-Superhaufens. Die Ausdehnung dieses Superhaufens ist gewaltig: bis zu 200 Millionen

Abb. 50: Kette von Galaxien im Virgo Haufen.
Jede Galaxie enthält etwa 100 Milliarden Sterne.

Lichtjahre, er enthält mehr als 100 einzelne Galaxienhaufen. Wir haben also folgende Hierarchie der Anordnung der Sterne im Universum: Galaxien – Haufen von Galaxien – Superhaufen von Galaxienhaufen. Die Superhaufern bilden filamentartige Gebiete im Universum zwischen denen leere Räume sind, die man als Voids bezeichnet. Unsere Milchstraße ist Bestandteil der lokalen Gruppe die wiederum zum sogenannten Virgo Superhaufen gehört.

Galaxienkollisionen – die ultimative kosmische Katastrophe?
Wenn sich also die Galaxien zu Haufen bzw. diese wieder zu Superhaufen zusammenfinden, dann stellt sich die Frage, ob es zu Kollisionen zwischen den Galaxien kommen kann und falls dies passiert, was die Folgen sind. Betrachten wir nochmals eine typische Galaxie wie unsere Milchstraße, die allerdings zu den etwas größeren Objekten gehört. Die nächste große Galaxie ist die Andromedagalaxie, sie ist ungefähr an Masse und Ausdehnung mit unserer vergleichbar. Der Abstand zur Andromedagalaxie beträgt etwa 2,5 Millionen Lichtjahre also das 25 fache der Ausdehnung unserer Milchstraße. Dies ist sehr wenig im Vergleich zu den Abständen zwischen einzelnen Sternen einer Galaxie. Typische Sterne besitzen einen Durchmesser von ungefähr 1 Million km.

Der Abstand des nächsten Sternes von der Sonne ist allerdings etwa das 30 Millionenfache des Durchmessers. Deshalb sind Kollisionen zwischen den Sternen sehr unwahrscheinlich, ungefähr so als wenn jemand Lotto spielt. Kollisionen zwischen Galaxien dagegen sind nichts Ungewöhnliches. Außerdem besitzen viele Galaxien zu ihnen relativ nahestehende Begleiter. Unsere Milchstraße hat zwei Zwerggalaxien als Begleiter, die große und die kleine Magellan'sche Wolke, die man am südlichen Sternenhimmel sehen kann. Sie waren bereits im Altertum bekannt und sind leicht auch mit bloßem Auge erkennbar. Erwähnt wurden sie erstmals vom arabischen Astronomen Al Sufi in seinem Verzeichnis der Sterne (heute würden wir das als Sternkatalog bezeichnen) um 900 n. Chr. Im Jahre 1519 startete Ferdinand Magellan zu einer Weltumseglung. Er war Portugiese, der aber im Auftrag der spanischen Krone arbeitete. Der Grund für dieses Abenteuer hatte wirtschaftliche und militärische Aspekte. Es ging um die Molukken Inseln, die Gewürzinseln. Magellan dachte, dass es in Südamerika irgendwo eine Möglichkeit gäbe, schneller zum Pazifik zu gelangen, als ganz Südamerika zu umsegeln. Man dachte damals eventuell, dass die Bucht von Rio de Janeiro oder des Rio de La Plata diese Orte seien. Jedenfalls konnte er den König für sein Unternehmen gewinnen und bekam fünf Schiffe zur Verfügung gestellt. Weiters sollte er ein Fünftel der Reichtümer bekommen die während dieser Reise erbeutet würden. Am 20. September 1519 stach die Flotte endgültig in See. Die Mannschaft bestand aus 237 Mann. Auch ein malaischer Sklave war dabei, er sollte als Dolmetscher dienen. Am 26. September wurden weitere Vorräte auf Teneriffa aufgenommen, am 6. Dezember landete man nahe der Bucht von Rio de Janeiro. Man verlor viel Zeit und beschloss zu überwintern; da das Essen knapp wurde, kam es im April 1520 zu einer Meuterei, die blutig niedergeschlagen wurde. Nach einer weiteren Meuterei wurde am 28. November 1520 der Pazifik erreicht. Erst im März des nächsten Jahres erreichte man die Philippinen (zuvor war eines der Schiffe nach Spanien umgekehrt, die Besatzung der anderen 3 Schiffe litt an Hunger und Krankheiten) und es waren nur noch 150 Leute am Leben. Der mitgenommene Sklave konnte sich mit den Einheimischen verständigen. Er war also der erste Mensch, der nach einer Erdumrundung wieder in seine Heimat kehrte. Eine Ironie der Geschichte. Am 17. April 1521 kam Magellan bei einer Schlacht mit den Einheimischen um; man versuchte diese zum Christentum zu bekehren und sie der spanischen Krone zu unterwerfen. Alles was wir über Magellan's Weltumseglung wissen, stammt von Antonio Pigafetta der alle Daten genau festhielt. Es kamen übrigens von den mehr als 200 aufgebrochenen Seeleuten nur 18 lebend zurück. Pigafetta berichtete auch über die Beobachtung der Magellan'schen Wolken.

Abb. 51: Milchstraße mit großer und kleiner Magellan'scher Wolke (links).

Die große Magellan'sche Wolke ist etwa 157 000 Lichtjahre von uns entfernt und enthält etwa 10 Milliarden Sterne. Die kleine Magellan'sche Wolke enthält nur zwei Milliarden Sterne und ist 209 000 Lichtjahre von uns entfernt. Möglicherweise besteht die kleine Magellan'sche Wolke aus zwei sich gerade verschmelzenden Galaxien. Im Jahre 1987 explodierte in der großen Magellan'schen Wolke eine Supernova, die als SN 1987A bezeichnet wird. Diese beiden Zwerggalxien sind Satelliten unserer Milchstraße und durch ein dünnes aus Wasserstoffgas bestehendes Gas mit uns und untereinander verbunden, wie eine Art Nabelschnur. Dies bezeichnet man auch als Magellan Strom. Die große Magellan'sche Wolke bewegt sich mit 378 km/s, die kleine Magellan'sche Wolke mit 302 km/s. Diese hohen Geschwindigkeiten kann man unterschiedlich deuten. Vielleicht besitzt unsere Milchstraße noch mehr Masse als angenommen. Diese würde die Magellan'schen Wolken noch stärker beschleunigen. Eine andere Erklärung wäre, dass die beiden Zwerggalxien in Wirklichkeit keine Satelliten unserer Milchstraße sind, sondern nur an uns vorbeisausen.

Galaxienzusammenstöße

Die Galaxien eines Haufens bewegen sich relativ zueinander. Deshalb kann es zu Kollisionen kommen. Unsere Milchstraße wird in den nächsten 2 Milliarden Jahren mit der Andromedagalaxie zusammenstoßen. Die beiden Galaxien bewegen sich aufeinander mit einer Geschwindigkeit von 120 km/s zu. Das macht in einem Jahr immerhin eine Strecke von 3600 Millionen km oder die zwanzigfache Entfernung Erde-Sonne aus. Für Beobachter wird sich dann ein wunderbarerer Nachthimmel ergeben. Anstelle einer Milchstraße wird man zwei beobachten. Kollisionen zwischen Galaxien kann man heute am Computer simulieren. Man nimmt einfach viele Teilchen an, die sich zu einer Galaxie vereinigen und lässt diese mit einer zweiten zusammenstoßen. Dabei zeigt sich, dass sich die Galaxien durchdringen können und ihre meist spiralförmige Struktur verformt wird. Kollisionen zwischen den Sternen sind aber bei dieser kosmischen Katastrophe relativ selten. Je nach Art des Zusammenstoßes können aber die Kerne von Galaxien miteinander verschmelzen. In den Galaxienkernen ist die Sterndichte höher, deshalb ist dort auch eine höhere Wahrscheinlichkeit für Sternkollisionen, allerdings eher in dem Sinne, dass sich Sterne einander nähern und dann, wegen der starken Beschleunigungskräfte, auf Grund der Gravitation Sterne aus ihren jeweiligen Systemen herausgeschleudert werden könnten. Für unsere Sonne und damit das Sonnensystem ist es unklar, ob sie weiterhin zu den Sternen der Milchstraße zählen wird, oder ob wir die Galaxie wechseln und Bestandteil der Andromedagalaxie werden. Auf alle Fälle ändert sich die Lage des Sonnensystems in der Galaxie; unsere Erde und die anderen Planeten werden aber mit Sicherheit weiterhin um die Sonne kreisen.

Viel wichtiger als das was mit den Sternen während einer Galaxienkollision passiert, ist aber ein anderer Effekt: wie erwähnt, ist der Raum zwischen den Sternen nicht leer, sondern erfüllt von interstellarer Materie. Diese wird bei der Kollision zwischen zwei Galaxien zusammengestaucht. Dadurch wird der Kollaps einer interstellaren Wolke angeregt und eingeleitet. Die Wolke zieht sich immer mehr zusammen, zerbricht in Teilwolken, die wieder kollabieren. So entstehen neue Sterne. Die Sternentstehungsrate während einer Galaxienkollision ist daher sehr stark erhöht gegenüber der normalen Entstehungsrate; um das mindestens 10-20fache. Man spricht auch von Starburst Galaxies. Galaxien mit einer sehr hohen Sternenentstehungsrate sind immer kollidierende Galaxien oder Galaxien bei denen eine Kollision noch nicht so lange zurückliegt. Welche Auswirkungen hat die Bildung neuer Sterne?

3.4. Ein Sternenleben

Leben und Vergehen der Sterne

Sterne entstehen immer in Gruppen aus einer kollabierenden interstellaren Gas- und Staubwolke. Es bilden sich Sterne unterschiedlicher Masse: sehr massereiche Sterne mit Massen von bis zu 30 und mehr Sonnenmassen, aber die Mehrzahl der Sterne liegt eher bei kleineren Massen, vergleichbar mit der unserer Sonne oder sogar noch darunter. Die Masse eines Sternes ist für seine Entwicklung die bestimmende Größe. Leider kann man Sternmassen nur sehr schwer und nur unter günstigen Bedingungen ermitteln, wenn sich nämlich in der Nähe eines Sternes eine weitere Masse befindet, auf die dieser Stern seine Anziehung ausübt. Dann hängt die Bewegung des zweiten Objektes von der (viel größeren) Masse des Hauptsternes ab. Dies ist bei Doppelsternen der Fall. Zwei Sterne umkreisen ihren gemeinsamen Schwerpunkt. Oder bei einem Planetensystem. Die Planeten umkreisen ihren Mutterstern. Aus der Bewegung der Planeten (Umlaufdauer) sowie bei Kenntnis ihres Abstandes vom Mutterstern folgt die Masse des Sternes (Drittes Keplergesetz).

Sterne erzeugen ihre Energie durch thermonukleare Reaktionen. In ihrem Inneren, meist nahe dem Zentrum, sind Temperaturen und Dichten groß genug, dass eine Fusion von leichteren zu schwereren Elementen einsetzt. Bei der Wasserstofffusion werden aus leichten Wasserstoffatomen Heliumatome gebildet. Die Reaktion sieht grob so aus: vier Wasserstoffkerne bilden einen Heliumkern. Dabei ist aber die Masse des He Kerns etwas kleiner als die Masse der vier Wasserstoffatome. Die fehlende Masse wird dann als Energie abgestrahlt (Massendefekt). Durch die Kernfusion können Sterne sehr lange Zeit ungeheure Energiemengen produzieren. Das erzeugt einen Gegendruck zur Gravitation die den Stern zusammenzuziehen versucht. Man bezeichnet das auch als hydrostatisches Gleichgewicht.

Irgendwann geht aber der Wasserstoffvorrat im Sterninneren zur Neige. Dann fehlt der Gegendruck zur Gravitation. Der Kern des Sterns zieht sich zusammen und erwärmt sich dadurch. Wasserstoff wird aber weiter in einer Schale um den Kern herum zu Helium verbrannt. Sobald der Kern heiß genug geworden ist, setzt die Fusion des Heliums zu noch schwereren Elementen ein (Kohlenstoff, Sauerstoff,.-... bis zum Element Eisen). Das Äußere des Sternes aber hat sich ausgedehnt, der Stern ist zu einem Riesenstern geworden. Unsere Sonne wird sich in etwa 4,5 Milliarden Jahren zu einem Roten Riesen entwickeln und dabei das Innere des Sonnensystems bis etwa zur Bahn des Mars verschlingen. Die Erde ist dann Bestandteil der Sonne geworden. Und alles Leben auf der

Erde vernichtet. Sobald Sterne im Kern Energie erzeugen und in einer Schale, werden sie instabil, können z.B. pulsationsveränderlich werden. Sie dehnen sich aus, ziehen sich wieder zusammen usw.

Neutronensterne, Weiße Zwerge, Schwarze Löcher

Nun kommen wir zum Endstadium eines Sternes. Dieses hängt von seiner Masse ab. Sterne bis zu etwa 1,4 Sonnenmassen werfen ihre Hülle ab, zurück bleibt ein kleiner immer dichter werdender Kern, den man als weißen Zwerg bezeichnet. Der Rest unserer Sonne wird also als weißer Zwerg enden, der nur mehr die Größe der Erde besitzt Die Masse eines weißen Zwerges ist extrem kompakt, ein Teelöffel wiegt mehrere Tonnen. Sterne mit mehr als 1,4 Sonnenmassen entwickeln sich aber nicht mehr zu einem weißen Zwerg. Sie enden entweder als Neutronensterne oder sogar als Schwarze Löcher. Neutronensterne sind Endstadien für Sterne zwischen 1,4 und 3 bis 4 Sonnenmassen. Sie bestehen praktisch nur mehr aus extrem dicht gepackten Neutronen. Der Durchmesser dieser Sterne ist etwa 10 km. Sie rotieren sehr rasch und besitzen ein sehr starkes Magnetfeld welches die Strahlung bündelt. Das Magnetfeld ist gegen die Rotationsachse geneigt und das führt zum Leuchtturmeffekt. Immer dann, wenn wir als Beobachter ein Strahlenbündel sehen, blitzt der Stern auf. Deshalb nennt man diese Objekte auch Pulsare. Die Pulse erfolgen sehr rasch und sehr regelmäßig. Die Entdeckung der Pulsare vor etwa 40 Jahren war zunächst eine große Aufregung. Man deutete die empfangenen Signale als eine Art Morsezeichen, die eine Botschaft intelligenter Zivilisationen enthalten. Den ersten Pulsar taufte man LGM1, Little Green Man 1.

Die Entwicklung zu einem Neutronenstern verläuft nicht so friedlich wie die zu einem weißen Zwerg, wo einfach nur die Sternhüllen abgestoßen werden. Die Kernfusion funktioniert bis zum Element Eisen. Alles was schwerer als Eisen ist, kann durch eine Kernfusion nicht erzeugt werden, weil dafür mehr Energie notwendig wäre als frei wird. Es bildet sich also langsam ein Eisenkern im Zentrum eines Sternes. Wenn dessen Masse größer als 1,4 Sonnenmassen wird (Chandrasekhar Masse), dann wird der Kern instabil. Die Physiker beschreiben das so: der Druck der entarteten Elektronen kann der Gravitation nicht mehr Widerstand bieten und der Kern implodiert. Als Folge davon bildet sich eine nach außen ausbreitende Schockwelle aus. Der Stern erscheint plötzlich als sehr helles Objekt, man nennt dies eine Supernova. Im Jahre 1054 n. Chr. haben chinesische Astronomen eine solche beobachtet. Plötzlich wurde am Tageshimmel ein heller Stern im Sternbild Stier sichtbar. Neben Sonne und Mond kann man nur die Venus bei sehr günstigen

Bedingungen am Tageshimmel mit freiem Auge sehen. Deshalb wurde dieses Ereignis genau aufgezeichnet. Nach wenigen Wochen verblasste der Stern jedoch wieder. Heute sieht man an der Stelle den Crabnebel. Dieser Nebel ist der Überrest der Supernovaexplosion und in seinem Zentrum beobachtet man den Crabpulsar, einen rasch rotierenden Neutronenstern. Vergleichen wir zwei zeitlich weit auseinander liegende Aufnahmen des Crabnebels, dann kann man deutlich sehen, wie sich die Gase ausdehnen (als Folge der Explosion) und zurückrechnen, wann diese stattgefunden haben muss.

Abb 52 Crabnebel. Überreste einer Supernovaexplosion vor etwa 1000 Jahren.

Katastrophe durch Supernovaexplosion?

Bei einer Supernovaexplosion wird kurzwellige Gammastrahlung frei. Diese besitzt eine sehr hohe Energie. Die Strahlung einer Supernovaexplosion in weniger als 100 Lichtjahren Entfernung könnte auch für uns gefährlich werden. Wir würden zunächst einen extrem hellen, blau leuchtenden Stern am Himmel sehen, der je nach Entfernung fast so hell wie der Mond leuchtet. Die blaue Strahlung hätte Auswirkungen auf unser biologisches System, vor allem auf das endokrine System (hormonbildend). Wachstum, Entwicklung und Funktion vieler Organe würden gestört. Noch drastischer sind die Auswirkungen der kurzwelligen Strahlung auf die Erdatmosphäre. So könnte bei einer nahen Supernovaexplosion die Ozonschichte der Erde zerstört werden. Eventuell lassen sich einige der bekannten Massensterben in der Vergangenheit der Erdgeschichte dadurch erklären.
Gegenwärtig kennen wir keinen Stern in einem Umkreis von 100 Lichtjahren, der in den nächsten Millionen Jahren zu einer Supernova werden wird. Aber man kann grob abschätzen dass es wahrscheinlich ist, dass unser Sonnensystem etwa einmal innerhalb von einer Milliarden Jahre in die Nähe einer Supernovaexplosion gelangt. Pro Jahr explodieren in einer Galaxie etwa 30 Supernovas.

4.Kapitel:
Kosmische Katastrophen und Prophezeiungen

4.1 Nostradamus

Michel de Nostredam wurde am 14. Dezember 1503 in Saint-Remy de Provence geboren und starb am 2. Juli 1566 in Salon de Provence. Er arbeitete als Apotheker, Arzt und Astrologe. Sein Vater war Kornhändler und königlicher Notar sowie später Amtsvorsteher. Michel war der älteste Sohn von acht Kindern. Seine Großväter Jean de Saint-Remy und Pierre de Nostredame waren der Legende nach Leibärzte des Königs René von Neapel, Sizilien und Jerusalem, Herzog von Lothringen und Graf von Provence. Väterlicherseits entstammte die Familie dem Judentum, aber mit Großvater Pierre ist sie zum katholischen Glauben konvertiert. Bei der Taufe zum Christentum soll Pierre dann den Namen Nostredame angenommen haben. Entweder geht dies auf die Kirche zurück in der die Taufe stattfand, oder nach dem Heiligentag an dem die Taufe durchgeführt wurde.
Die Kindheit verbrachte Nostradamus weder mit seinem Vater noch Großvater sondern angeblich mit seinem Urgroßvater. Dieser soll ihm Latein, Griechisch, Hebräisch, Mathematik und Astrologie beigebracht haben. Im Jahre 1518 starb der Urgroßvater und Michel besuchte die Universität von Avignon. Er studierte, damals nicht unüblich, Grammatik, Rhetorik und Logik. Durch den Ausbruch der Pest war er gezwungen das Studium abzubrechen und er wurde Apotheker. Im Jahre 1529 studierte er auch für kurze Zeit in Montpellier. Es ist allerdings nicht bekannt, ob er ein Studium wirklich abgeschlossen bzw. einen akademischen Titel erworben hat. Um 1533 wurde er vom bekannten Humanisten Julius Caesar Scaliger eingeladen in Agen zu arbeiten. Er verbrachte dort vier Jahre und heiratete auch. Das junge Paar hatte einen Sohn und eine Tochter. Doch das Glück währte nur kurz, denn im Jahre 1535 verlor er durch eine Infektionskrankheit seine Familie (wahrscheinlich Pest oder Diphterie). Es folgten turbulente Jahre. Zuerst gab es Streitigkeiten mit den Eltern seiner Frau um die Rückgabe der Mitgift, dann zerstritt er sich mit Scaliger und er wurde zur Inquisition nach Toulouse vorgeladen (um 1538). Der Grund für diese Vorladung war, dass er einem Erzgießer, der eine Madonnenstatue herstellte, gesagte haben soll, er könne auch Teufel oder Teufelsbilder erzeugen. Es folgen Reisen in das Elsass, Lothringen und

nach Italien und 1541 kehrt Nostradamus wieder in die Provence zurück. Im Jahre 1544 soll er mit dem Arzt Louis Serre einen Ausbruch der Pest in Marseille bekämpft haben. Im Jahre 1547 starb sein Vater und Nostradamus wagt eine weitere Ehe. Er heiratete die vermögende Anne Ponsarde und die beiden hatten drei Söhne und drei Töchter. Da seine Frau reich war, konnte sich Nostradamus der Schriftstellerei widmen. Daneben beteiligte er sich auch an wirtschaftlichen Unternehmungen und Spekulationen und war dadurch für seine Zeit vermögend.

Er veröffentlichte Almanache und so kam es zu einem Treffen mit dem französischen König Heinrich II und dessen Ehefrau Katharine de Medici (1555), allerdings schien der König an Nostradamus Prophezeiungen nicht sehr interessiert. So geriet Nostradamus zusehends in Geldprobleme – er musste sich sogar vom Gelehrten Jean Morel ein Darlehen nehmen. Dazu kamen gesundheitliche Probleme (Gicht). Die Königin zeigte aber Interesse und lud Nostradamus ein, Horoskope für ihre Kinder zu erstellen. Im Jahre 1564 wird Nostradamus dann Leibarzt des neuen Königs Karl IX. Am 2. Juli 1566 starb Nostradamus im Alter von 62 Jahren an Wassersucht, eine Folge seiner chronischen Gicht. Er wurde in der Minoritenkirche Saint François de Salon begraben. Während der französischen Revolution wurden seine Knochen ausgegraben, einer der Soldaten soll sogar Nostradamus Schädel als Trinkschale verwendet haben. Die noch verbliebenden Überreste der Gebeine wurden dann in der Dominikanerkirche Saint-Laurent-de-Salon erneut bestattet.

Abb. 53: Nostradamus

Nostradamus – Legenden und Tatsachen

Um Nostradamus gibt es zahlreiche Legenden. Wahrscheinlich hat er nie das Medizinstudium abgeschlossen. Sicher ist dass er Apotheker war. Dies hatte aber zu seiner Zeit eine etwas andere Bedeutung als heute. Apotheker produzierten Pharmazeutika, Kosmetika und auch Konfitüren. Von der Stadt Aix-en-Provence wurde er 1554 zum Meister, aber nicht zum Doktor ernannt. Außerdem soll er vor einer Ärzteversammlung erklärt haben, dass er selbst kein Arzt sei. Weiters soll die Universität Montpellier einem Apotheker das Medizinstudium nicht gestattet haben. Zu guter Letzt ist es auch nicht sicher, ob Nostradamus wirklich königlicher Leibarzt war. Dies wurde erst 1614, also 50 Jahre später von seinem Sohn Caesar behauptet. War Nostradamus ein Astrologe? Interessant ist, er hat sich nie selbst als Astrologe bezeichnet, sondern immer als ‚astrophile' (Sternenfreund). Horoskope zu erstellen war zur damaligen Zeit durchaus üblich und galt oft sogar als Teil einer Therapie. Nostradamus hat in seiner Quatrain CI.100 sogar die Astrologie als Teufelswerk bezeichnet. Seine Patienten schickte er, wenn er es für nötig hielt, zu einem Astrologen. Seine selbst erstellten Horoskope waren oft fehlerhaft weil er Planetenkonstellationen falsch berechnete. So verwendete er zu seinen Berechnungen immer die Positionen der Planeten zu Mittag, was allerdings dazu führt, dass die Aszendenten falsch sind (das sind die diejenigen Sternbilder die gerade aufgehen zu einem bestimmten Zeitpunkt, z.B. Geburt). Bekannt ist sein für Kronprinz Rudolf von Habsburg erstelltes Horoskop aus dem Jahre 1565, das völlig falsch war. Der in Avignon bekannte Astrologe Laurens Videl soll in einem Brief an Nostrdamus Folgendes geschrieben haben: *„Ich kann mit völliger Sicherheit sagen, dass Du von echter Astrologie weniger als nichts verstehst ... Du, der nicht die geringste Bewegung irgend eines Sterns zu kalkulieren weißt: und keineswegs mehr als die Bewegungen verstehst Du, wie Deine Ephemeriden zu benutzen sind."*

Die Prophezeiungen des Nostradamus

Im Jahr 1550 begann er mit der Veröffentlichung seiner jährlichen Almanache. Darin findet man Prophezeiungen für das kommende Jahr. Dies wurde nicht in Latein sondern auf Französisch geschrieben. In Lyon gab er „les Propheties de M. Michel Nostradamus" mit vier Centurien heraus. Im Vorwort spricht sein Sohn Cesar davon, dass die Prophezeiung bis ins Jahr 2242 reichen oder für 2242 Jahre gelten. In seinen Prophezeiungen gibt es fast keine konkreten Zeitangaben und Namen und eine sehr metaphorische Sprache. Die Verse enthalten Hinweise auf astrologische Konstellationen. Ein sehr oft zitiertes Beispiel (Vers I, 35):

„Le lyon jeune le vieux surmontera,
En champ bellique par singulier duelle:
Dans cage d'or les yeux luy creuera,
Deux classes une, puis mourir, mort cruelle."

„Der junge Löwe wird den alten besiegen,
Auf dem Schlachtfeld in einem einzigen Duell:
Im goldenen Käfig wird er ihm die Augen ausstechen."

Dies ist die Strophe 35 der zweiten Centurie von 1555 und wurde 1614 von Nostradamus Sohn Cesar mit dem Tod des Königs Heinrichs II verbunden (1559). Was geschah wirklich? Am 30. Juni 1559 gab es einen Turnierkampf zwischen Heinrich II und dem Grafen Montgomery (Hauptmann der schottischen Garde). Die Lanze des Hauptmanns brach und ein Splitter drang durch das Visier des Helms über dem rechten Auge des Königs ein. Heinrich II starb zehn Tage später an den Folgen einer Hirnhautentzündung. Man sieht, dass es einiger Phantasie bedarf, um aus dem oben erwähnten Originaltext dieses Ereignis abzulesen. Einige Details noch: König Heinrich trug keinen goldenen Helm, es wurden ihm nicht die Augen ausgestochen, sondern eine Verletzung über dem Auge verursachte letztlich seinen Tod. Was es mit dem jungen Löwen auf sich hat ist unklar. War es ein Turnierwappen? Auch das trifft nicht zu, denn weder Heinrich noch Montgomery verwendeten einen Löwen als Wappen. Außerdem war es nur ein Turnierkampf und nicht ein Schlachtfeld. Was es mit den Flotten/Armeen auf sich hat, ist völlig unklar.

Trotzdem geht von Nostradamus eine bis heute reichende Faszination aus. Besonders in Zeiten von Kriegen oder wirtschaftlicher Instabilität möchte man die Zukunft wissen und greift gerne auf Nostradamus Prophezeiungen zurück.

Nostradamus wird vieles nachgesagt: Weltuntergänge, der dritte Weltkrieg, die Ankunft Außerirdischer, Tschernobyl, der 11. September. Auch Adolf Hitler soll sich mit seinen Prophezeiungen beschäftigt haben und darin den Endsieg der Nazis gelesen haben. Joseph Goebbels hielt allerdings nicht viel davon und hat diese „Prophezeiungen" nur für propagandistische Zwecke verwendet.

Ein weiteres Beispiel: in Nostradamus VI.5 kann man lesen:

„So große Hungersnot durch die pesttragende Welle,
Durch langandauernden Regen am weiten arktischen Pol,
Samatobryn 100 Orte der Halbkugel
werden gesetzlos und frei von Politik leben."

oder im Original:

V.
Si grand famine par vnde pestifere.
Par p uye longue le long du polle arctique:
Samar tryn cent lieux de l'hemispere,
Viuront sans l y,exempt de pollitique.

Es kann als eine Hungersnot durch eine pesttragende Welle interpretiert werden. In der zweiten Zeile kann man das Abschmelzen der Eiskappen an den Polen vermuten. Das Wort Samartobryn könnte als Anagramm für Atombrysan gelten und mit Phantasie als Atombrysanz bzw Atombrisanz gedeutet werden. Hat Nostradamus hier die globale Klimakatastrophe oder einen Atomkrieg vorhergesagt? Die Textstelle findet sich im Centurie VI als 5. Vers.

Man sieht klar, dass die Angaben vage sind und viele Interpretationen zulassen.

4.2 Weltuntergänge in verschiedenen Religionen

Die Hopi Indianer

Die Hopi Indianer leben auch heute noch im US Bundesstaat Arizona. Nach ihrer Auffassung gibt es sieben Zeitalter der Welt:
In der ersten Welt war zunächst endloser Raum, Gott manifestierte die Tiere und die Erde, er erschuf drei Helfer, die Menschen (rot, weiß braun und gelb) machten. Diese ersten Menschen verstanden die Erde und ihre Lebewesen als ein einziges Lebendiges wie sie selbst. Einige Menschen meinten jedoch, es gäbe Unterschiede zwischen Menschen unterschiedlicher Farbe, Glaubens, Sprache sowie zwischen Mensch und Tier. So zerstörte Gott die erste Welt durch Feuer.

Abb. 54: Hopi Indianerfrau beim Flechten.

In der zweiten Welt mieden Tiere die Menschen, Menschen wurden habgierig und Gott zerstörte diese Welt durch Einfrieren. In der dritten Welt bekämpften sich die Menschen gegenseitig, der Schöpfer zerstörte sie durch Wasser. In der vierten Welt gab es Gutes und Schlechtes.
Derzeit stehen wir vor Beginn des fünften Zeitalters. Das vierte Zeitalter wird mit einem großen Feuer und Umwälzungen enden. Das Feuer soll der Reinigung dienen. Ein großer blauer Stern soll auch tagsüber neben der Sonne zu sehen sein. Dieser Stern soll Begleiter des Sirius sein und hundert mal heller leuchten als die Venus und am Abend als zweiter Mond zu sehen sein. Es heißt: Man werde von einem Wohnort am Himmel über der Erde hören, der mit großem Lärm fallen und als blauer Stern erscheinen wird. In diese Zeilen kann man vieles hineininterpretieren. Z.B. der kontrollierte Absturz der russischen Raumstation Mir, der in den frühen Morgenstunden des 23. März 2001 erfolgte, in der Nähe der Fidschi Inseln. Die Mayas oder auch die Inkas sind nach Auffassung der Hopis von Gott Abgewandte und haben deshalb ihre Strafe erhalten. Die Hopis haben nur einen Krieg geführt und ihre Religion ist mit tibetischer und hinduistischer Mystik verwandt. Interessant ist, dass in ihrer Sprache kein Wort oder grammatikalische Form zu finden ist, die sich auf den Begriff Zeit beziehen. In unserer Welt gibt es einen dreidimensionalen Raum, sowie eine eindimensionale linear verlaufende Zeit für die es die Unterteilung Gegenwart, Vergangenheit und Zukunft gibt. In der Hopi-Metaphysik gibt es nur das Objektive (Manifestierte) und das Subjektive (Sich-Manifestierende). Das Manifestierte unterscheidet nicht zwischen Gegenwär-

tigem und Vergangenem. Das Sich-Manifestierende umfasst die Zukunft sowie alles Gedachte und Erwünschte der gesamten Natur.

Weltuntergang im Judentum

Betrachten wir zunächst einige Textstellen:
Prophet Joel (5Jh. v.Chr.): „Ich werde wunderbare Zeichen wirken am Himmel und auf der Erde: Blut und Feuer und Rauchsäulen. Die Sonne wird sich in Finsternis verwandeln und der Mond in Blut, ehe der Tag des Herrn kommt, der große und schreckliche Tag" Joel 3, 3-4).
Prophet Amos (8Jh. v.Chr.): „An jenem Tag - Spruch Gottes, des Herrn - lasse ich am Mittag die Sonne untergehen und breite am hellichten Tag über die Erde Finsternis aus. Ich verwandle eure Feste in Trauer und eure Lieder in Totenklage..." (Am 8, 9-10).
Prophet Jeremia (7.Jh. v.Chr.): „Ich schaute die Erde an: Sie war wüst und wirr. Ich schaute zum Himmel, hinweg war sein Licht. Ich schaute die Berge an: Sie wankten, und alle Hügel bebten. Ich schaute hin: Kein Mensch war da, auch alle Vögel des Himmels waren verschwunden. Ich schaute hin: das Gartenland war Wüste, und all seine Städte waren zerstört, zerstört durch den Herrn, durch seinen glühenden Zorn" (Jer 4, 23-26).
In der 5000 jährigen Geschichte des jüdischen Volkes gibt es immer wieder Leid, Kriege, Gefangenschaft, Vertreibungen. Zwischen 1500 und 1300 v. Chr. befand sich das Volk in ägyptischer, von 586-538 v. Chr. in babylonischer Gefangenschaft. Man glaubt aber an ein gutes Ende, an dem Gott den letzten König stellen wird. Er wird den Juden zum Sieg über deren Feinde verhelfen. Dieser letzte Abschnitt wird ein friedvoller sein: der Prophet Jesaia schreibt: „Dann wohnt der Wolf beim Lamm, der Panther liegt beim Böcklein. Kalb und Löwe weiden zusammen, ein kleiner Knabe kann sie hüten. Man tut nichts Böses mehr und begeht kein Verbrechen auf meinem ganzen heiligen Berg; denn das Land ist erfüllt von der Erkenntnis des Herrn, so wie das Meer mit Wasser gefüllt ist."(Jes 11,6f).

Weltuntergang im Islam

Der Prophet Mohammed warnt seine Landsleute um 610 „Wehe allen Lugredenden, Fluchenden, Schätze Einheimsenden und Suchenden, das Dauernde im Golde Suchenden!". Das Synonym für den Weltuntergang ist die Stunde, die aber niemand weiß außer Allah. Am Vorabend der Endzeit herrschen Unzucht, Terrorismus, Korruption, Attentate vor und der Islam ist in 73 Sekten zersplittert. Die Religion verkümmert zum Ritual, fanatische Führer gebärden sich als Glaubens-

terroristen. Die Endzeit naht, wenn Frauen Frauen und Männer Männer heiraten und Frauen höchste Regierungsämter innehaben. Die Zeit wird sich zusammenziehen (manche sehen das gegeben durch unsere modernen schnellen Fortbewegungsmittel wie Flugzeuge oder moderne Kommunikationsmittel). Mahdi wird den Islam erneuern und am Ende rechnet man mit der Wiederkunft Jesu. Das wird so beschrieben:
Der von Allah herabgesandte Sohn der Maria wird auf einem weißen Minarett östlich von Damaskus herabkommen. Er wird in safrangelbe Tücher gekleidet sein und sich auf die Schultern von 2 Engeln stützen. Der Jesus der Endzeit ist Moslem, bleibt auf der Erde, heiratet, hat Kinder und errichtet ein friedfertiges Königreich. Alle Ungläubigen jedoch werden sterben.
Das Szenario der letzten Stunde ist sehr unheilvoll: Der Himmel „birst", „wird zusammen-gerollt", „wird weg-gezogen". Die Sonne „erlischt". Der Mond „spaltet sich". Die Sterne „werden ausgewischt". Die Erde „bebt" und „zerstiebt". Die Berge „werden zertrümmert" und „zu verstreutem Staub" und „zu zerzauster Wolle" gemacht. Die Meere „entströmen" und „brennen ab".
Der Fanfarenstoß blitzt alles Bestehende nieder: Alles wird untergehen, nur Gottes Angesicht nicht (Koran 55, 26-27). Nach der Katastrophe steht der Erde und der Menschheit eine neue Epoche bevor: durch das Weltende werden Himmel und Erde verwandelt, sie entstehen in einem neuen Zustand.
Der Erzengel Israfil ruft alle Toten zum Erwachen auf, es kommt zu einer allgemeinen Auferstehung. Im Koran wird der Engel nicht namentlich genannt, aber in (39,68) steht, dass er zwei Fanfarenstöße abgibt, beim ersten wird alles vernichtet, beim zweiten kommt es zur Auferstehung aller Toten.
In Sure 69, 13-15 liest man:
(13) wenn dann mit einem Mal gestoßen wird in die Posaune
(14) und weggetragen werden Erde und Gebirge, mit einem Schlag zerstoßen werden,
(15) an jenem Tag trifft ein die Stunde

Hinduismus

Entgegen den Vorstellungen im Judentum und Islam, wonach es einen Anfang und ein Ende der Welt gibt (lineare Vorstellung) glaubt man im Hinduismus an periodische Abläufe, an ewige Kreisläufe. Der Ursprung ist das Ende und das Ende ist der Ursprung. Dies kann man in der 3000 Jahre alten Schrift des Atharvaveda nachlesen. Im 5. Jh. V. Chr. liest man in den Brahmanas und im Nationalepos Mahabharata von den vier Weltzeitaltern. Die Brahmanas sind Kommentare zu den Veden. Die Veden sind eine Sammlung religiöser Texte im Hinduismus. Veden bedeutet Wissen. Den Kern der Veden bilden die Shruti. Diese sind Offenbarungen an die Weisen (Rishis). Das Wissen wurde zunächst nur mündlich weitergegeben (ursprünglich an zweimalgeborene Menschen, Dvijas). Erst ab dem 5. Jahrhundert n. Chr. gab es schriftliche Aufzeichnungen, doch bis heute wehren sich die Brahmanen vedische Texte zu drucken und betrachten es eher als Geheimwissen. Es gibt vier Veden, der Atharvaveda beinhaltet viele Zaubersprüche und magische Hymnen. Der Rig Veda enthält zehn Liederkreise (Mandals). Der Yajurveda (es gibt zwei Fassungen, den schwarzen, krishna und den weißen shukla) enthält Mantras (Opfersprüche), der Samaveda umfasst Melodien und liturgische Texte.

Abb. 55: Die tausendköpfige Schlange Shesha im Urmeer mit dem Gott Vishnu, der von seiner Gemahlin Lakshmi an den Füßen massiert wird. Oberhalb von Vishnu erkennt man den vierköpfigen Brahma als Schöpfer.

Es gibt vier Weltzeitalter, die vier Yugas: Kritayuga, Tretayuga, Dvaparayuga und Kaliyuga. Die vier Yuga ergeben ein Mahayuga (großes Weltzeitalter, dieses soll vier Millionen und 320 000 Jahre dauern. 1000 Mahayuga ergeben dann ein Kalpa, das sind 4 320 000 000 Jahre. Nach dieser Zeitspanne löst sich das Universum auf. Die 4,32 Milliarden Jahre entsprechen einem Tag Brahmas, also einem Göttertag. Man glaubt an eine tausendköpfige kosmische Schlange, Shesha. Sie hat wie ein Drache einen feurigen Atem und entfacht ein hundertjähriges Feuer auf der Erde. Gleichzeitig hängen glühende Sonnen am

Himmel. Nach dem Feuer folgt eine hundertjährige Sintflut. Alles löst sich auf und wird zu einer ungeformten Masse, das nennt man das Weltenei. Dieser Zustand dauert einen Brahmatag an. Brahma erholt sich während dieser Phase, wenn er erwacht, entsteht die Welt von neuem. Alles ist frisch, jung...

Die vier Weltzeitalter im Hinduismus

Kritayuga. Friede, Ordnung, Recht, Sicherheit, Ruhe. Es fehlt an keiner Nahrung und es gibt keine Krankheiten. Die Menschen des Kritayuga bleiben dauernd jung und werden 4000 Jahre alt. Die Menschen sind ohne Eigennutz und unterwerfen sich ganz Gott. Es gibt nur vollkommene weise Menschen auf der Erde, ohne Fehler, ohne Versagen. Die Herrscher der Menschen sind gerechte Könige, die die Menschen beschützen. Arbeiten brauchen die Menschen nicht, die Erde lässt ungepflügt ihre Früchte reifen, heißt es in den Schriften. Dieser Idealzustand dauert 1 728 000 Jahre.

Treta-Yuga: hier nimmt die Vollkommenheit um ein Viertel ab. Die Menschen sind oberflächlicher geworden, es gibt bereits erste Laster und Leid. Das Tretayuga dauert 1 296 000 Jahre. Je größer der Verfall der Sitten, desto kürzer die Lebensdauer der Menschen. Dennoch werden die Menschen mehr als 2000 Jahre alt.

Die nächste Epoche ist das Dvapara yuga. Hier hat sich gegenüber dem ersten Zeitalter die Vollkommenheit halbiert. Es gibt Falschheit, Hader, Streit, Laster, Geldgier. Dennoch werden die Menschen bis zu 2000 Jahre alt. Dieses Zeitalter dauert 864 000 Jahre.

Das letzte Zeitalter ist das Kaliyuga. Dies ist das schlechteste aller Zeitalter. Der Sittenverfall ist sehr hoch, Geldgier, Streit, Krankheiten, Kriege und dergleichen sind allgegenwärtig. Die Welt in der wir leben befindet sich nach der hinduistischen Auffassung in diesem Zeitalter. H. Zimmer, ein bekannter Indologe fasst das so zusammen: „Wenn die Gesellschaft in einen Zustand gerät, wo Reichtum Rang verleiht, Besitz die einzige Quelle der Tugend wird, Leidenschaft das einzige Band zwischen Mann und Weib, Betrug die Grundlage des Erfolges im Leben, geschlechtliche Liebe der einzige Weg zur Freude...". Die Menschen werden degenerieren und nur mehr daumengroß werden, viele sterben schon im Mutterleib. Ihre Lebenserwartung wird maximal 25 Jahre betragen. Die Weisheit verschwindet, die Menschheit verblödet. Die Erde trocknet aus, es gibt Hungersnöte und Naturkatastrophen und Kriege unter den Völkern.

Doch das ist nicht das Ende der Welt. Ende bedeutet für die Hindis gleichzeitig Anfang. Am Ende steigt Gott Vishnu auf einem weißen

Pferd auf die Erde hinab. Mit einem Schwert zerstört er das Böse und es kommt wieder zum Goldenen Zeitalter dem Krita Yuga.
Sowohl im Hinduismus als auch im Buddhismus glaubt man, dass der Mensch nicht zur endlosen Wiederkehr verdammt ist. Er kann als Jivanmukta (zu Lebzeiten Befreiter) oder als Buddha (Erwachter) zur Erleuchtung kommen und das Nirwana finden.

Nirwana
Das Wort stammt aus zwei Begriffen: nir bedeutet aus, va bedeutet wehen. Dieser Begriff ist besonders vom Buddhismus her bekannt. Es ist das Ziel des Menschen aus dem Kreislauf der Wiedergeburt (Reinkarnation) zu gelangen. Dies kann man durch Erwachen (Bodhi) erreichen. Man gelangt dazu indem man loslässt und frei wird von allen Gefühlen, Bedingungen, Gestaltungen, bildlos, richtungslos und unterscheidungslos. Der Erleuchtete nimmt sich nicht mehr als getrennt von seiner Umgebung war, es kommt zu einer Auslöschung des Ich Bewusstseins. Im Hinduismus gibt es den Begriff Brahman. Brahman ist unsterblich, aus ihm ist alles hervorgegangen, er existiert in einer anderen Dimension; auch die Götter des Hinduismus sind aus ihm entstanden. Swami Sivananda schrieb über Brahman: „Wer Brahman verwirklicht hat, wird still. Absolutes Glück ist die höchste Wirklichkeit. Erhebe dich Schritt für Schritt zur transzendenten Erfahrung, wo alle Namen und Formen verschwinden und nur noch die Freude im Selbst existiert. Die göttliche Gnade ist der größte Schatz im Leben. Unwissenheit besteht so lange, wie das Ichdenken vorhanden ist. Ichdenken ist große Verwirrung. Gott ist die Quelle allen Glücks. Alle Wesen sind in ihm. Gott ist reiner Geist. Gott ist der Weg und das Ziel. Denke daran, dass Gott immer mit dir, in dir und um dich herum ist. Du wirst dadurch große Kraft, inneren Frieden und inneres Glück haben.“[2]
Darin sieht man auch den Unterschied zwischen Buddhismus und Hinduismus: Nirwana bedeutet man ist frei, leer, das Ich ist aufgelöst, Brahman bedeutet Einheit, Eins werden mit Brahman. Erleuchtet ist man, wenn entweder Nirwana oder Brahman erreicht wurde.

Buddhismus und das Ende der Welt
Während die hinduistischen Weltzeitalter berechenbar sind, handelt es sich im Buddhismus um keine Zahlenwerte, man bezeichnet sie die Unberechenbaren. Auch hier gibt es einen ewigen Kreislauf: Entstehen, Bestehen, Vergehen und Nichtexistenz. Nach der Nichtexistenz bilden sogenannte kosmische Kraftwirbel eine neue Welt hervor. Es gibt immer einen Auf- und Abstieg der Welt. In Zeiten des Abstiegs treten

Welterleuchter auf die Buddhas. Der historische Buddha hat im 6. Jh. V. Chr. gelebt. Er war der 10. Buddha, vorher gab es z.B.:
Der 1. Buddha (Vipassi) erschien vor 91 Kappa (im Sanskrit Kalpa), die Menschen waren noch nicht verfallen in ihren Sitten, ein Menschenleben dauerte daher 80 000 Jahre. Der 2. Buddha trat vor 31 Kappa auf, ein Menschenleben dauerte immer noch 70 000 Jahre. Und so ging es ähnlich wie im Hinduismus weiter. Die Sitten verfielen, das Alter der Menschen ging zurück. Der historische Buddha (Shakyamuni) erlebte nur mehr Menschen, die 100 Jahre alt wurden. Nun warten die Buddhisten auf das Kommen des nächsten Buddha, auf Maitreya. Trotz dieser Buddhas wird die Welt durch Feuer, Wasser und Wind zerstört werden. Nach einer Periode der Nichtexistenz bringen die erwähnten kosmischen Kraftwirbel wieder eine neue Welt hervor.

Abb. 56: Buddha

Nach hinduistischer Auffassung ist Kalpa ein Tag Brahmas, das sind 4,32 Millionen Jahre. Nach 100 Brahma Jahren (40 Milliarden Jahre) geht die Welt endgültig unter, aber es beginnt auch wieder ein neuer Zyklus. Im Buddhismus unterteilt sich ein Kalpa in: Weltuntergang (samvatta-kappa, 'abnehmende Welt'), Fortdauer des Chaos (samvattatth y), Weltentstehung (vivatta-kappa), Fortdauer der entstandenen Welt (vivattatth y).
Wie lange dauern diese Zeitabschnitte? Dazu gibt es ein sehr nettes Gleichnis aus dem Samyutta-Nikaya:
„Wenn sich da, o Mönch, ein Felsblock befände aus einer einzigen Masse, eine Meile lang, eine Meile breit, eine Meile hoch, ungebrochen, ungespalten, unzerklüftet, und es möchte alle hundert Jahre ein Mann kommen und denselben mit einem seidenen Tüchlein einmal reiben, so würde wahrlich, o Mönch, der aus einer einzigen Masse bestehende Felsblock eher abgetragen sein und verschwinden als eine

Welt. Das, o Mönch, ist die Dauer einer Welt. Solcher Welten nun, o Mönch, sind viele dahingeschwunden, viele hunderte, viele tausende, viele hunderttausende. Wie aber ist das möglich? Unfassbar, o Mönch, ist diese Daseinsrunde (sams ra), unerkennbar der Beginn der Wesen, die im Wahne versunken und von dem Begehren gefesselt die Geburten durchwandern, die Geburten durcheilen"[3]

Weltuntergang in der chinesischen Religion

Es gibt einen anfangslosen ewigen Urgrund, das Tao. Daraus entspringt Energie und es gibt die zwei entgegengesetzten Kräfte Yin (negativ, passiv) und Yang (positiv, aktiv). Diese beiden sich stets streitenden Kräfte bringen dann alles Seiende hervor. Der Mensch soll wieder in die Heimat, das Tao zurückkehren. Der Heilsweg des Menschen ist Wuwei, das bezeichnet das ich-freie Handeln im Einklang mit dem Kosmos. Wer das Tao erlangt ist ewig. Man wird nicht untergehen obwohl der Körper zerfällt. Tao bringt ewige Dauer sagt Laotzu. Lao tzu (auch Laozi, Laotse, das Wort bedeutet Alter Meister) war ein chinesischer Philosoph der im 6. Jh. v. Chr. lebte. Er gilt als der Begründer des Taosimus. Der Text selbst dürfte erst im 4. Jahrhundert v. Chr. niedergeschrieben worden sein; über das tatsächliche Leben von Lao Tzu ist fast gar nichts bekannt. Den Legenden nach wurde er über 160 Jahre alt, einige sprechen sogar von 200 Jahren. Dieses hohe Alter konnte er durch seine Vollkommenheit (Tao) erreichen. Man nimmt aber an, dass es gar keinen Lao Tzu gegeben hat, und er nur Legende war. Er soll sogar am Sternenhimmel verewigt worden sein im Sternbild, das dem des großen Bären (Wagens, die Chinesen bezeichneten es jedoch als großen Scheffel) entspricht. Sein Sitz ist der Mittelpunkt des Sternenhimmels und der Himmelsrichtungen. Das kommt vermutlich daher, dass sich dort der Himmelspol befindet, also die Verlängerung der Erdachse in diese Richtung zeigt. Deshalb drehen sich alle Sterne um diesen Punkt.

Auch nach chinesischer Auffassung gibt es nichts Dauerndes außer dem Wandel. Das ständige Spiel zwischen Yin und Yang. Es kommt zu einem Weltuntergang, wann dies passiert wird offengelassen. Man findet einen Hinweis von 129 600 Jahren. Im Taoismus wird der Weltuntergang nicht so dramatisch beschrieben. Im 5. Jh. kam der Buddhismus nach China. Unter dem Einfluss des Taoismus entwickelte sich der Chan Buddhismus, der dann später in Japan zum Zen wurde. China wurde im Wesentlichen von drei Lehren geprägt: Konfuzianismus, Buddhismus und Taosimus (daoismus). Dao bedeutet weg. Die

Ethik geht davon aus den Dingen ihren Weg laufen zu lassen, Wu wie, Nicht Eingreifen, Nicht Handeln, Nicht Erzwingen. Die Dinge und ihr Verlauf ordnen sich selbst.

Weltuntergang 1999

Die Chen Tao Bewegung wurde Anfang der 1990er Jahre gegründet von Hon-Ming Chen. Es werden verschiedene Lehren übernommen und vermischt: buddhistische Ansichten, taiwanesischer Volksglauben (Hon-Ming Chen stammt aus Taiwan) 1995 zogen etwa 150 Mitglieder zunächst nach Kalifornien, dann nach Texas. Die Chen Tao Lehre besagt, dass unsere Erde bereits viermal von Menschen besiedelt wurde, wobei jede Periode durch eine Katastrophe endete. Einige Menschen wurden von UFOs gerettet und später wieder auf die Erde gebracht. Diese Ufos landeten immer in Nordamerika, da dieser als einziger Kontinent von den Katastrophen verschont geblieben war. Im August 1999 soll Asien von einer nuklearen Katastrophe heimgesucht werden. Von Gott gesendete UFOs würden die Menschen retten. Gott sollte am 31. März 1998 um zehn Uhr in Hon-Mings Körper einfahren. Die Mitglieder der Chen Tao Lehre waren reiche gebildete Taiwanesen. Da die Prophezeiungen nicht eintrafen, befürchteten Medien und Behörden einen Massenselbstmord seiner Anhänger doch Hon-Ming verurteilte solche Selbstmorde anderer UFO Gruppen. Er entschuldigte sich und räumte ein bei seinen Berechnungen Fehler gemacht zu haben. Der nicht eingetroffene Weltuntergang sollte noch eine Gnadenfrist für Menschen sein, die noch nicht Anhänger seiner Lehre waren. Die Bewegung zerstreute sich, einige zogen nach New York und sollen dort angeblich Menschen von Krebs und Aids heilen können. Weitere Dinge über diese Bewegung wurden später bekannt. In Vancouver soll eine Reinkarnation Jesu stattgefunden haben, auch ein neuer Buddha soll gefunden worden sein. Weiters werden nur Vegetarier von den UFOs gerettet.

Heaven‘s Gate

Diese religiöse Bewegung wurde in den frühen 1970ern in den USA von Applewhite und Nettles gegründet. Marshall Herff Applewhite (1931-1997) war Sohn eines Predigers und arbeitete als Kirchenmusiker. Er versuchte sich 1971 in einem Spital von seiner Homosexualität heilen zu lassen und lernte dabei die Krankenschwester Bonnie Lu Nettles kennen (1927-1985). Beide lebten zusammen und interessierten sich für Astrologie und glaubten auch, sich schon von einem früheren Leben her zu kennen. Auch glaubten sie an Geister und

Schutzengel. Sie gründeten eine UFO Religion und waren unter verschiedenen Bezeichnungen bekannt: The Two, Bo and Peep, Winnieh und Pook. Ihre Organisation hatte auch verschiedene Bezeichnungen. Guinea Pig (Meerschweinchen, was als Versuchskaninchen zu interpretieren wäre), HIM (Human Individual Metamorphosis), TOA (Total Overcomers Anonymous) und zuletzt war sie unter dem Namen Heaven's Gate (Himmelstor) bekannt. Die Mitglieder lebten asketisch, alles geschah gemeinschaftlich und war genau geregelt. Zum Drama kommt es durch ein Kometenfoto. Im November 1996 tauchte der Komet Hale Bop auf. Auf einem Amateurfoto konnte man neben dem Kometen ein helles Objekt erkennen, das viermal so groß wie die Erde sein sollte. Der Amateurastronom hatte einen Freund der bei einem Radiosender arbeitete und sich für außergewöhnliche Dinge interessierte. Es gab eine Sendung in der behauptet wurde, das Objekt wäre ein riesiges Raumschiff voller Außerirdischer. Die Anhänger von Heaven's Gate deuteten dies als Zeichen. Die Erde würde erneuert werden, ein Recycling stünde bevor. Das Raumschiff hinter dem Kometen würde die erwählten Anhänger von Heaven's Gate retten. Der Komet Hale-Bop war in der Tat eine spektakuläre gut mit freiem Auge sichtbare Himmelserscheinung und erreichte großes Medieninteresse.
Am 19. März, drei Tage bevor der Komet in Erdnähe gelangte, sprach Applewhite zu seinen Anhängern. Er meinte sie könnten dem Weltuntergang nur entgehen, wenn sie sich gegenseitig töten. Dann würden ihre Seelen in das Raumschiff gelangen, das neben dem Kometen flog. Am 26. März 1997 wurden die Leichen von Applewhite und 38 seiner Anhänger gefunden in Rancho Santa Fe nördlich von San Diego. Die Anhänger hatten in drei Phasen Selbstmord begangen. Sie hatten Phenobarbital eingenommen[4], gemischt mit Apfelmus und Wodka und steckten ihre Köpfe in Plastiktüten. Die Toten lagen in Etagenbetten mit purpurroten Tüchern bedeckt und einheitlich schwarz bekleidet, neuen Turnschuhen und Armbändern mit der Aufschrift Heaven's Gate Away Team. Nur ein Gruppenmitglied, Rio Di Angelo, beging keinen Selbstmord. Seine Aufgabe war es, Videos und Literatur der Bewegung zu verbreiten.
Noch heute findet man die Web Seite der Bewegung unter dem link http://www.heavensgate.com/ .

Weltuntergang 2012 – auf nach Bugarach

Bugurach ist ein beschauliches französisches Dorf in Südfrankreich mit etwa 200 Einwohnern. Mit der Beschaulichkeit ist es aber vorerst zu Ende. Fanatiker glauben, dass 2012 die Welt untergeht und dass man

nur an diesem Ort der Welt die Katastrophe überleben wird können. Außerdem werden dort UFOs landen und die nach Bugarach strömenden Personen hoffen insgeheim, vielleicht sogar von einem UFO in ferne fremde Welten mitgenommen zu werden. Der Bürgermeister der Stadt beklagt sich: „ Am Berg begegnet man nackten Gurus, Gruppen meditieren mitten auf der Straße, man kann erst weiterfahren wenn sie fertig sind, alles in allem ein unerträgliche Situation. Auch die Einwohner klagen: früher sei es eine sehr ruhige Gegend gewesen, jetzt sitzen überall Leute herum und singen und meditieren. Die Grundstückspreise sind nach oben geschnellt."
In der Offenbarung des Johannes, Vers 16, 13-16 steht: "Und ich sah aus dem Munde des Drachen und aus dem Munde des Tiers und aus dem Munde des falschen Propheten drei unreine Geister gehen, gleich den Fröschen; denn es sind Geister der Teufel, die tun Zeichen und gehen aus zu den Königen auf dem ganzen Kreis der Welt, sie zu versammeln in den Streit auf jenen Tag Gottes, des Allmächtigen. Siehe, ich komme wie ein Dieb. Selig ist, der da wacht und hält seine Kleider, dass er nicht bloß wandle und man nicht seine Schande sehe. Und er hat sie versammelt an einen Ort, der da heißt auf hebräisch Harmageddon." Wo liegt also dieses Haramgeddon? Weshalb kommt man ausgerechnet auf dieses kleine französische Dorf? Die Erklärung ist einfach und verblüffend. Es gibt dort einen malerischen Berg den Pic de Bugarach. Dieser ragt über das Dorf. Der Berg soll eine Art UFO Garage sein. Unter dem Berg befindet sich eine riesige Höhle in der Außerirdische das Ende der Welt erwarten. Wenn sie das Ende der Welt kommen sehen, werden sie die Erde verlassen und ein paar Menschen

Abb. 57: Der Pic de Bugarach, ein seltsam geformter Bergrücken.

mitnehmen. Deshalb versuchen die Anhänger zu diesem Ort zu gelangen. Es kursieren um diesen Berg zahlreiche Legenden. Angeblich hätten schon Nazis und der israelische Geheimdienst Mossad nach der Alien Höhle gegraben, ein Einwohner aus dem Dorf hat ein UFO Magazin auf die Besonderheit dieses Berges hingewiesen.
Was sicher stimmt ist, dass von diesem Berg eine seltsame Faszination auszugehen scheint. Berühmte Menschen wie Victor Hugo, Claude Debussy, Jules Verne und Francois Mitterand haben den beeindruckenden Berg besucht. Steven Spielberg soll vom Pic de Bugarach zu seinem Film „Die unheimliche Begegnung der Dritten Art" angeregt worden sein. Weiters wurde spekuliert, dass sich in dem 1231 m hohen Pic de Bugarach gewaltige Schätze befinden könnten (von dem Templer Orden) oder sogar die sterblichen Überreste von Jesus und/oder von Maria Magdalena.

Die zwölf Kristallschädel und der Weltuntergang 2012

Der Weltuntergang 2012 wird noch besprochen in einem eigenen Kapitel. Es soll 12 Kristallschädel aus der Zeit der Azteken geben. Einer davon befindet sich im British Museum, einer im Washingtoner Smithsonian und einer im Pariser Museum Quai Branly. Weiters soll es noch einen dreizehnten Schädel geben. Um die Welt im Jahre 2012 vor deren Untergang zu retten, müssten alle 13 Schädel nebeneinander aufgereiht werden. Der Pariser Schädel wurde genauer untersucht und es stellte sich heraus, dass er mit Sicherheit nicht von den Azteken stammt sondern aus der zweiten Hälfte des 19. Jahrhunderts.

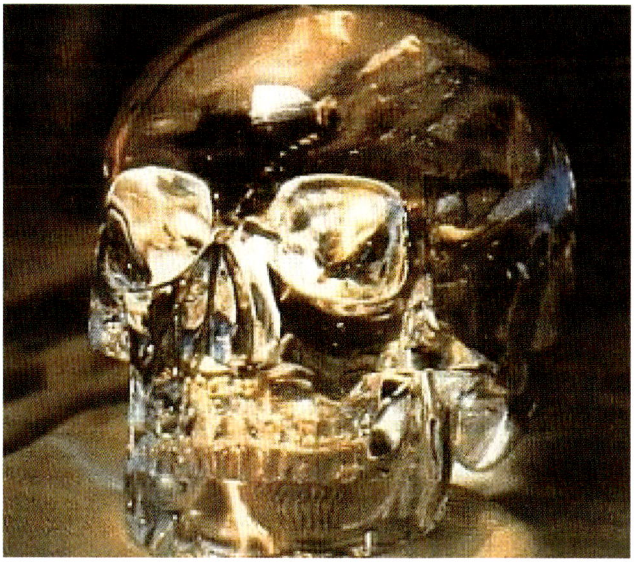

Abb. 58: Die Abbildung zeigt den Aztekenschädel der in Paris aufbewahrt wird.

Christentum und Weltuntergang

Auch im Christentum und seinen vielen Sekten spielt das Thema Weltuntergang eine wichtige Rolle. Wenn die Welt untergeht, wird Christus wieder regieren, die Toten werden auferstehen. Wann das eintrifft, steht nirgendwo. Die Stimme des Erzengels und die Posaune Gottes werden erschallen. Die Endzeit ist nach dem Christentum die Zeit die der zweiten Wiederkunft Christi vorangeht. Mit dem bei der Wiederkunft Christi erfolgenden Jüngsten Gericht (Weltgericht) kommt es auch zu einer Auferstehung der Toten. Dies alles kündigt sich an durch die sieben Plagen der Endzeit: Erdbeben, Überschwemmungen, Blitz, Donner, Geschwüre, Trockenheit und Seuchen. Weiters soll es einen 10-Staatenbund mit dem Antichristen geben und einen Endkrieg.

Einige Bibelstellen dazu:

(Mt 24-25) Zur Rechten Gottes sitzend richtet Jesus unter Posaunenschall die Toten und Lebenden. Er wird "einen neuen Himmel und eine neue Erde" schaffen und wird "die Böcke von den Schafen scheiden"; und die "Spreu vom Weizen" Ewigen Lebens; die Erlösten kommen ins Paradies und genießen die Gnade Gottes. Die nicht Erlösten erleiden ihr jüngstes Gericht bzw. nach katholischer Sicht ewige Höllenqualen, im "feurigen Pfuhl, der mit Schwefel brennt" (Fegefeuer).

(Mt 28,18–20) Und Jesus trat herzu und sprach zu ihnen: Mir ist gegeben alle Gewalt im Himmel und auf Erden. Darum gehet hin und machet zu Jüngern alle Völker: Taufet sie auf den Namen des Vaters und des Sohnes und des Heiligen Geistes und lehret sie halten alles, was ich euch befohlen habe. Und siehe, ich bin bei euch alle Tage bis an der Welt Ende.

Weitere Hinweise findet man im Buch Daniel sowie in den Johannesoffenbarungen. Nach den Johannesoffenbarungen findet die Endschlacht am Ort Harmageddon (auch Armageddon) statt. Für die Zeugen Jehovas ist Harmageddon ein Begriff der dafür steht, dass Gott Jehova durch seinen Sohn das Weltsystems Satans besiegt und das Königreich Gottes errichtet. Dieses soll ein tausenjähriges Friedensreich werden.

Im Film von M. Bay („Armageddon“) droht ein Asteroid auf die Erde einzuschlagen. Deutliche Zeichen der Endzeit sind folgende Zitate aus den Offenbarungen des Johannes:

- Sieben Siegel-Gerichte (Offbg. 6,7,8)
- Sieben Posaunen-Gerichte (Offbg. 8)
- Entstehung eines großen mächtigen Reiches (Offbg. 13)

- Aufkommen des Antichristen und des falschen Propheten (Offbg. 13 und 16)
- Flucht der Christen vor dem Antichristen für 1.260 Tage (Offbg. 12)
- Sieben Zorn-Schalen (Offbg. 16)
- Entmachtung der Hure Babylon (Offbg. 17)
- Tötung des dritten Teils der Menschen (Offbg. 9,15)
- In Israel Auftritt von "zwei Zeugen" für 1.260 Tage
- Aufkommen von Tier, Bild und Malzeichen (Offbg. 14,9 ff. und Offbg. 20,4)

Die Hure Babylon ist eine biblische Allegorie: sie steht für die Gegner des christlichen Glaubens. In der Offenbarung des Johannes kann damit auch die Stadt Rom und das gesamte römische Weltreich gemeint gewesen sein. Er schreibt von der Vergänglichkeit des Reichtums und der Pracht der Hure. Der Antichrist tritt als Gegenspieler und Gegenmacht Jesu Christi auf vor dessen Wiederkunft. Er verbreitet falsche Lehren über ihn.

4.3 Weltuntergänge und die Filmindustrie

Wir können hier natürlich nicht alle Filme auflisten, die das Thema Weltuntergang zeigen, aber geben einige Beispiele.

Der Tag an dem die Erde stillstand
Die erste Fassung dieses Films stammt aus dem Jahre 1951. Im Jahre 2008 wurde vom Regisseur Scott Derrickson eine Neuverfilmung gemacht, mit leichten Abweichungen von der alten Fassung. Eine Astrobiologin soll klären, welches Objekt mit einem Zehntel der Lichtgeschwindigkeit auf die Erde zurast. Man vermutete zunächst einen Asteroiden, dann landet jedoch ein riesiges kugelförmiges Raumschiff im New Yorker Central Park. Der Außerirdische Klaatu und ein roboterähnliches Wesen steigen aus. Ein Soldat dreht durch und schießt auf Klaatu der in ein Krankenhaus gebracht wird. Später stellt sich heraus, Klaatu ist gekommen, um die Erde vor den Menschen zu retten. Er beschließt die Menschheit zu vernichten damit das andere komplexe Leben auf der Erde eine Chance bekommt zu überleben. Die Astrobiologin versucht Klaatu von seinem Vorhaben abzubringen und ihn davon zu überzeugen, dass trotz der vielen schlechten Eigenschaften der Mensch auch positive Seiten hat und sich die Menschheit bessern kann. Aber schon werden künstliche Insektenschwärme ausgesendet (Nanoroboter) die beginnen, die Menschen zu zerfressen. Der Stiefsohn der Astrobiologin war zunächst gegen Klaatu, wird jedoch von diesem bei einem Sturz gerettet und ändert seine Meinung über Klaatu. Jetzt gelangt Klaatu zur Einsicht, die Menschheit könne sich im letzten Moment knapp vor dem Abgrund stehend, doch noch retten und in letzter Sekunde rettet er die Astrobiologin, die bereits von den Nanorobotern angegriffen wurde. So bekommt die Menschheit eine zweite Chance für einen besseren Umgang mit ihrem Planeten. Die Produktion des Filmes kostete etwa 80 Millionen Dollar, weltweit konnten mehr als 200 Millionen Dollar eingespielt werden. Beide Filmversionen gründen sich auf eine Erzählung von Harry Bates, Abschied vom Herrn, erschienen im Jahre 1940. Der Autor H. Bates erhielt dafür eine Abfindung von 500 Dollar.

The Day After Tomorrow, am Tag danach
Aus dem Jahre 2004 stammt von Roland Emmerich der Katastrophenfilm The Day After Tomorrow. Er behandelt eine Klimakatastrophe. Forscher in der Antarktis werden durch eine sich ablösende Eisscholle beinahe getötet und sie finden heraus, dass die Pole der Erde abschmel-

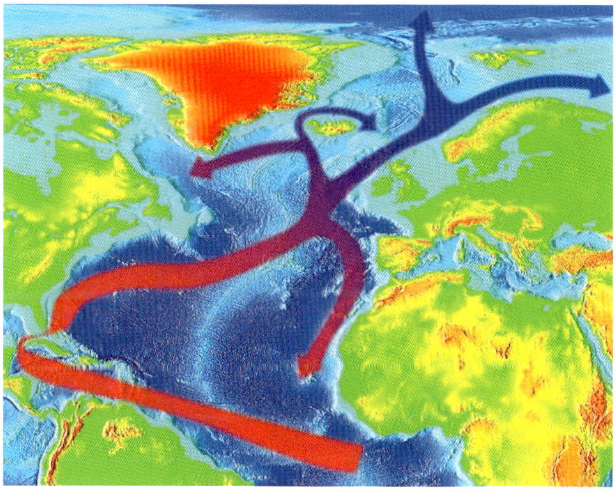

Abb. 59: Golfstrom

zen als Folge der Klimaerwärmung. Doch das hat katastrophale Folgen für die Erde, insbesondere für Nordamerika und Europa. Der Golfstrom wird durch die abschmelzenden Süßwassermengen abkühlen und eine neue Eiszeit droht. Es bilden sich drei Superstürme aus, in deren zentralem Bereich extrem niedrige Temperaturen herrschen. Große Städte wie Los Angeles oder Tokio werden zerstört. In New York bricht eine Flutwelle herein, alles wird zerstört und dann gefriert das Wasser. Eine kleine Gruppe von Menschen rettet sich in einer Bibliothek und hält sich durch Verbrennen von Büchern warm. Die noch überlebenden Bewohner der nördlicheren amerikanischen Staaten müssen nach Mexiko auswandern wo sie als Flüchtlinge aufgenommen werden. In einer Fernsehansprache bedauert der neue amerikanische Präsident die Folgen des Klimawandels. Die Astronauten der Raumstation staunen über die mit riesigen Eismassen bedeckten Teile Nordamerikas.

Was sagt die Wissenschaft zu diesem Szenario?

In dem Film geht man von einer extrem rasch einsetzenden Klimakatastrophe aus. Diese wird vorwiegend durch das Ende des Golfstroms eingeleitet. Das ist durchaus denkbar, wenn die Polkappen abschmelzen und so der Salzgehalt im Atlantik zurückgeht. Dadurch wird weniger Wärme von den Äquatorzonen in die nördlicheren Zonen durch die Wassermassen transportiert. Durch den Golfstrom wird 100 mal soviel Wasser transportiert wie durch alle anderen Flüsse der Erde zusammen! Die dabei transportierte Wärmemenge entspricht der Energie die zwei Millionen große Kernkraftwerke erzeugen. Aber ein vollständiges Abreißen dieser Meeresströmung ist ein Prozess, der sich zumindest über Jahrzehnte wenn nicht Jahrhunderte und länger hinzieht. Da die Polkappen infolge der Klimaerwärmung abschmelzen, kommt es natürlich auch zu einer allgemeinen Erwärmung. Diese dürfte zumindest für Europa die Abkühlung durch den ausbleibenden Golfstrom kompensieren. Das zeigen komplexe Klimarechnungen. Es ist nicht zu erwarten, dass Europa zufrieren würde bei einem Ausbleiben des Golfstromes. Weiters wird im Film von Minustemperaturen unter 100 Grad Celsius gesprochen. Dies ist praktisch nicht möglich, es gibt nur eine sehr dünne Schicht in der oberen Erdatmosphäre die so kühl ist. Da sie nur 1/10000 der Dichte am Boden besitzt, hat sie keine Kühlwirkung und außerdem würden sich die Luftmassen erwärmen wenn sie zu Boden fallen.

The Core

Der Film aus dem Jahre 2003 unter der Regie von Jon Amiel beginnt mit einem merkwürdigen Verhalten von Tieren, die z.B. plötzlich orientierungslos werdenden Vögel usw. Die Besatzung eines US Raumtransporters kommt vom richtig eingestellten Kurs aus unerklärlichen Gründen ab. Nachdem Geophysiker das Phänomen genauer untersuchen, stellt sich heraus, dass der Erdkern (The Core) aufgehört hat sich zu drehen. Das hat zur Folge, dass das Magnetfeld der Erde langsam schwächer wird. Vögel und andere Tiere, die sich am Magnetfeld orientieren sowie Navigationssysteme im Verkehr auf der Erde fallen deshalb aus. Mit einem speziellen U-Boot ähnlichen und einem starken Laserbohrer ausgerüsteten Schiff sollen Terranauten zum Erdkern vordringen und diesen mit Atomsprengköpfen wieder in Rotation versetzen. Nach einer aben-

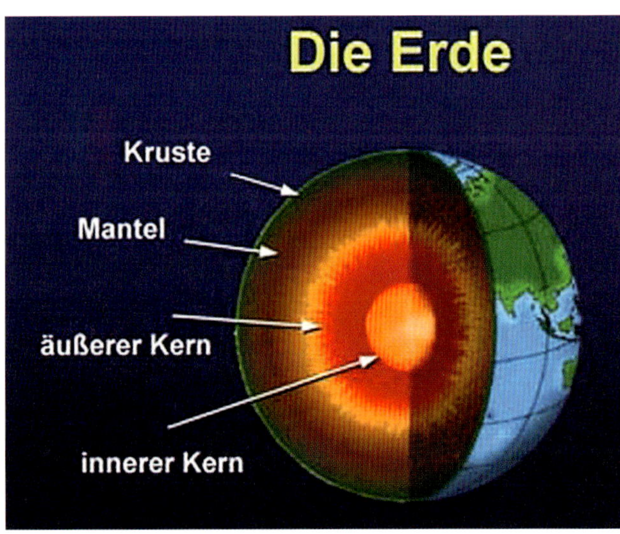

Abb. 60: Aufbau der Erde. Ein Stillstand des Erdkernes kann ausgeschlossen werden.

teuerlichen Reise stößt man zum Erdkern vor, die Atomraketen erweisen sich jedoch als wirkungslos. Man will nun die bisher geheim gehaltene Waffe DESTINI (Deep Earth Seismic Trigger Initiative) einsetzen, deren verantwortungslose Tests die Rotation des Erdkerns stoppten. Schließlich gelingt es den Erdkern wieder in Gang zu bringen, er rotiert wieder und die Erde baut ein schützendes Magnetfeld auf.

Es gibt eine Seite: „Insultingly Stupid Movie Physics", wonach Filme hinsichtlich ihrer Realität in Bezug auf Naturwissenschaften analysiert werden. Dieser Film war lange Zeit an der Spitze bis er von Roland Emmerich's Film „2012" abgelöst wurde.

Armageddon

Armageddon, das jüngste Gericht, erschien 1998 unter der Regie von Michael Bay. Es handelt von einem Hobbyastronomen, der einen 1000 km großen Asteroiden entdeckt, der auf die Erde zurast. Nach intensiven Beratungen kommt man zur Einsicht, dass die Menschheit nur zu retten sei, wenn man ein Raumschiff zu dem Asteroiden schickt und ein 250 m tiefes Loch bohrt und darin einen Atomsprengsatz zündet. Für die Vorbereitung der Mission bleiben nur 18 Tage Zeit. Nach mehreren Zwischenfällen gelingt es, den Asteroiden in zwei Hälften zu sprengen, die dann nicht mit der Erde kollidieren. Dabei kommt der Held des Films ums Leben, seine Tochter, die ebenfalls bei der Mission war, heiratet einen der mitgeflogenen Astronauten, die Erde ist gerettet. Insgesamt erzielte der Film mehr als 500 Millionen Dollar an Einnahmen.

Deep Impact

Auch in diesem Film unter der Regie von Mimi Leder geht es um einen Einschlag auf der Erde, der eine kosmische Katastrophe hervorrufen würde; diesmal ist es aber ein von einem Amateurastronomen entdeckter Komet. Astronomen finden heraus, dass sich dieser Komet auf direktem Kurs zur Erde befindet. Sie sterben bei einem Autounfall, doch später werden ihre Aufzeichnungen von einer ehrgeizigen Reporterin gefunden, die der Sache nachgeht. Man hat nur mehr ein Jahr Zeit. Zunächst wird versucht, mit einem Raumschiff auf dem Kometen zu landen, was gelingt und dann in Löchern Nuklearsprengköpfe abzusenken, die gezündet werden sollen. Die Zeit zum Bohren der Löcher ist kurz, denn sobald die Sonne über dem Kometen aufgeht kommt es zu starken Verdampfungen. Es gelingt nicht, tief genug zu bohren und zwei Astronauten kommen durch die sich in Folge der aufgehenden Sonne bildenden Gas- und Dampffontänen ums Leben. Es gelingt dennoch den Sprengsatz zu zünden, aber der Komet zerfällt nur in zwei noch immer sehr große Teile. Die US Regierung hat in einer speziell errichteten Arche für 800 000 auserwählte Personen Platz. Der Rest wird ausgeschlossen. Es gelingt, einen Teil des Kometen mit Interkontinentalraketen zu zerstören der andere kollidiert jedoch mit der Erde und stürzt in den Atlantik wobei bis zu 400 m hohe Tsunamiwellen entstehen. Menschen können sich auf die Appalachen retten. Der große Teil des Kometen wird durch ein absichtlich in ihn gesteuertes bemanntes Raumschiff zerstört. Durch diese Heldentat kann die Menschheit überleben.

Man sieht hier viele Parallelen zum Film Armageddon. Es gab einen regelrechten Wettlauf welcher Film zuerst starten könnte. Deep Impact hat diesen Wettlauf gewonnen.

Kapitel 5:
Kalender und Weltuntergänge

5.1 Der Kalender der Maya

Statt Zehn Zwanzig
Der Mayakalender beruht auf dem Zwanzigersystem (Vigesimalsystem). Wir verwenden Zehn als Basiszahl, was wahrscheinlich aus praktischen Gründen auf unseren zehn Fingern beruht. Bei einem Zwanzigersystem verwendet man neben den 10 Fingern auch die 10 Zehen oder wendet die Hände; dies dürfte der Grund gewesen sein ein solches Zahlensystem einzuführen. Teilweise findet man dieses System auch in der französischen Sprache: bis sechzig (soixante) verwendet man das Dezimalsystem, dann wird in zwanziger-Schritten weitergezählt, 70 wäre „sechzig und zehn" (soixante dix), 71 sechzig und elf (soixante once) usw. Achtzig ist dann vier mal zwanzig (quatre vingts).

Die drei Mayakalender
Im Mayakalender unterscheidet man drei verschiedene Systeme: Tzolkin Kalender für rituelle Zwecke, Haab Kalender für zivile Zwecke sowie die sogenannte Lange Zählung, die vor allem für astronomische Berechnungen verwendet wurde.

Der Haab Kalender umfasst ähnlich unserem Kalender 365 Tage, also ein Sonnenjahr. Es gibt 18 Monate mit je 20 Tagen sowie einen Monat mit nur fünf Tagen (Uayeb). Die Monate heißen: Pop, Uo, Zip, Zotz, Zec, Xul, Yaxkin, Mol, Chen, Yax, Zac, Ceh, Mac, Kankin, Muan, Pax, Kayab, Cumku.
Die Tageszählung sieht dann so aus: jeder Monat umfasst 20 Tage, gezählt wird von Null weg. Der erste Tag im Monat Pop heißt 0 Pop, der zweite Tage 1 Pop usw. bis 19 Pop. Dann beginnt 0 Uo, gefolgt von 1 Uo, 2 Uo bis 19 Uo. Das Jahr endet mit 0 Cumko, 1 Cumko bis 19 Cumko und dann folgen noch die fünf Tage 0 Uayeb, 1 Uayeb bis 4 Uyaeb. Als das Land von den Spaniern erobert wurde, änderte man die Tageszählung von 0 auf 1, also 1 Pop bis 20 Pop.
Im Tzolkin Kalender laufen die Zahlen von 1 bis 13 und es gibt zwanzig Tagesnamen: Imix, Ik, Akbal, Kan, Chicchán, Cimí, Manik, Lamat, Muluc, Oc, Chuen, Eb, Ben, Ix, Men, Cib, Cabán, Etznab, Cauac, Ahau.

Das ergibt folgendes System:
Man hat insgesamt 13 mal 20 Tage. Dieser 260-Tage Zyklus hat wahrscheinlich eine Erklärung: Mais spielte bei den Maya eine sehr wichtige Rolle. Nach 52 Jahren wiederholen sich die Tzolkin und Haab Daten, deshalb benötigte man für längere Berechnungen (vor allem astronomische) eine weitere Zählung. Die Datumsangaben im Tzolkin-Kalender und im zivilen Haab-Kalender wiederholen sich alle 260 bzw. 365 Tage.

1 Imix	2 Ik	3 Akbal	4 Kan	5 Chicchán	6 Cimí	7 Manik	8 Lamat	9 Muluc	10 Oc	11 Chuen	12 Eb	13 Ben
1 Ix	2 Men	3 Cib	4 Cabán	5 Etznab	6 Cauac	7 Ahau	8 Imix	9 Ik	10 Akbal	11 Kan	12 Chicchán	13 Cimí
1 Manik	2 Lamat	3 Muluc	4 Oc	5 Chuen	6 Eb	7 Ben	8 Ix	9 Men	10 Cib	11 Cabán	12 Etznab	13 Cauac
1 Ahau	2 Imix	3 Ik	4 Akbal	5 Kan	6 Chicchán	7 Cimí	8 Manik	9 Lamat	10 Muluc	11 Oc	12 Chuen	13 Eb
1 Ben	2 Ix	3 Men	4 Cib	5 Cabán	6 Etznab	7 Cauac	8 Ahau	9 Imix	10 Ik	11 Akbal	12 Kan	13 Chicchán
1 Cimí	2 Manik	3 Lamat	4 Muluc	5 Oc	6 Chuen	7 Eb	8 Ben	9 Ix	10 Men	11 Cib	12 Cabán	13 Etznab
1 Cauac	2 Ahau	3 Imix	4 Ik	5 Akbal	6 Kan	7 Chicchán	8 Cimí	9 Manik	10 Lamat	11 Muluc	12 Oc	13 Chuen
1 Eb	2 Ben	3 Ix	4 Men	5 Cib	6 Cabán	7 Etznab	8 Cauac	9 Ahau	10 Imix	11 Ik	12 Akbal	13 Kan
1 Chicchán	2 Cimí	3 Manik	4 Lamat	5 Muluc	6 Oc	7 Chuen	8 Eb	9 Ben	10 Ix	11 Men	12 Cib	13 Cabán
1 Etznab	2 Cauac	3 Ahau	4 Imix	5 Ik	6 Akbal	7 Kan	8 Chicchán	9 Cimí	10 Manik	11 Lamat	12 Muluc	13 Oc
1 Chuen	2 Eb	3 Ben	4 Ix	5 Men	6 Cib	7 Cabán	8 Etznab	9 Cauac	10 Ahau	11 Imix	12 Ik	13 Akbal
1 Kan	2 Chicchán	3 Cimí	4 Manik	5 Lamat	6 Muluc	7 Oc	8 Chuen	9 Eb	10 Ben	11 Ix	12 Men	13 Cib
1 Cabán	2 Etznab	3 Cauac	4 Ahau	5 Imix	6 Ik	7 Akbal	8 Kan	9 Chicchán	10 Cimi	11 Manik	12 Lamat	13 Muluc
1 Oc	2 Chuen	3 Eb	4 Ben	5 Ix	6 Men	7 Cib	8 Cabán	9 Etznab	10 Cauac	11 Ahau	12 Imix	13 Ik
1 Akbal	2 Kan	3 Chicchán	4 Cimí	5 Manik	6 Lamat	7 Muluc	8 Oc	9 Chuen	10 Eb	11 Ben	12 Ix	13 Men
1 Cib	2 Cabán	3 Etznab	4 Cauac	5 Ahau	6 Imix	7 Ik	8 Akbal	9 Kan	10 Chicchán	11 Cimí	12 Manik	13 Lamat
1 Muluc	2 Oc	3 Chuen	4 Eb	5 Ben	6 Ix	7 Men	8 Cib	9 Cabán	10 Edznab	11 Cauac	12 Ahau	13 Imix
1 Ik	2 Akbal	3 Kan	4 Chicchán	5 Cimí	6 Manik	7 Lamat	8 Muluc	9 Oc	10 Chuen	11 Eb	12 Ben	13 Ix
1 Men	2 Cib	3 Cabán	4 Edznab	5 Cauac	6 Ahau	7 Imix	8 Ik	9 Akbal	10 Kan	11 Chicchán	12 Cimí	13 Manik
1 Lamat	2 Muluc	3 Oc	4 Chuen	5 Eb	6 Ben	7 Ix	8 Men	9 Cib	10 Cabán	11 Edznab	12 Cauac	13 Ahau

Abb. 61

Die Lange Zählung

Bezeichnung	**Anzahl der Tage**	
1	1	1 Kin
20 Kin	20	Uinal
18 Uinal	350	Tun
20 Tun	7200	Katun
20 Katun	144000	Baktun
20 Baktun	2880000	Pictun
20 Pictun	57600000	Calabtun
20 Calabtun	1152000000	Kinchiltun
20 Kinchiltun	23040000000	Alautun

Abb. 62

Ein Beispiel: die Angabe 9.12.11.5.18 bedeutet 9 Baktun 12 Katun 11 Tun 5 Uinal 18 Kin.
Jetzt benötigen wir noch den Beginn dieser Zählung. Dafür nimmt man das Datum 13.0.0.0.0 4 Ahau 8 Cumku. (11. oder 13. August 3114 v. Chr.). Weshalb verwendeten die Maya nicht den Kalenderanfang 0.0.0.0.0. oder 1.0.0.0.0? Wahrscheinlich weil die Zahl 13 eine religiöse Bedeutung hatte.
Nun kann man sich leicht überlegen wann das Datum 13.0.0.0.0 wieder auftritt. Dies ist eben der 21. oder 23. Dezember 2012. Das hatte zwar für die Maya eine gewisse Bedeutung, aber es steht nirgendwo, dass dann die Welt untergehen würde oder sonst etwas Besonderes passieren wird. Weiters ist der Tag am 21.Dezember ein 4 Ahau 3 Kankin und kein 4 Ahau 8 Cumku wie am Schöpfungstag.
Die genaue Korrelation mit unserem gregorianischen Kalender ist schwierig. Nach der von Thompson vorgeschlagen Korrelation ist das Datum 13.0.0.0.0 gleich dem julianischen Datum 584283. Das julianische Datum ist eine fortlaufende Tageszählung beginnend mit 1. Jänner -4712 (4713 v. Chr.)- Mit dieser Tageszählung kann man sehr einfach zwischen Kalendersystemen umrechnen. Es wurde vom Geschichtsschreiber Joseph Justus Scaliger vorgeschlagen. Beispiel: der 15. Februar 2011 entspricht dem Julianischen Datum 2455608. Der 21. Dezember 2012 wären dann JD 2456283 und der 23. Dezember 2012 JD 2456285. Damit kann man leicht das oben genannte „Weltuntergangsdatum" nachrechnen. Der Beginn des Maya Kalenders enspricht JD 584283, dann addiert man 13 x 144 000 (144 000 ist ein Baktun) und erhält das JD 2456283.

Kultur der Maya

Wer waren die Maya? Weshalb hatten sie einen derart hoch entwickelten Kalender?
Die Maya lebten in einem etwa 350 000 km^2 großen Gebiet, welches Teile der heutigen Staaten Mexiko – vor allem die Halbinsel Yucatan - sowie Guatemala, Belize und Honduras umfasste. Man nimmt an, dass die Besiedelung des amerikanischen Kontinents vor etwa 12000 Jahren über die Bering-Straße von Sibirien nach Alaska begann. Die ersten Anzeichen für menschliche Siedlungen im Mayagebiet gehen auf das Jahr 9000 v. Chr. zurück. Spuren aus dieser Zeit sind z.B. steinerne Werkzeuge. Man unterteilt die Maya-Welt in drei Bereiche: nördlicher Bereich (Yucatan Halbinsel): flaches Gebiet, wenig Flüsse, arides Klima; mittlerer Bereich: Regenwald, viele große breite Flüsse; südlicher Bereich; mexikanisch- guatemaltekisches Hochland bis zur Pazifikküste.

Geschichtlich gesehen bezeichnet man die erste Mayakultur als vorklassische Periode. Diese beginnt etwa 2000 v. Chr. und dauert bis etwa 250 n. Chr. Von 250 n. Chr. bis 900 n. Chr. spricht man von der klassischen Periode, an deren Ende die Mayakultur zusammenbricht. Die Mayakultur war kein zusammenhängender Staat mit einer Hauptstadt. Es gab viele Stadtstaaten ähnlich wie im antiken Griechenland. Meist werden 15 Hauptregionen genannt, es existierten jedoch bis zu 50 Kleinstaaten. Einen großen Einzelstaat, wie etwa das römische Reich oder Ägypten, hat es nie gegeben.
In der vorklassischen Zeit wurde Ackerbau betrieben. Erste Tempelbauten stammen aus etwa 500 v. Chr. Es wurden keine Schriften gefunden, daher ist aus dieser Zeit nur wenig bekannt. In der klassischen Zeit wurden Städte errichtet z.B. Chichen Itza, Yaxchilan und Palenque. In diesen Städten lebten mehrere zehntausend Menschen. In der nachklassischen Zeit ab 900 wurden dann die großen Städte von den Menschen verlassen. Es wurden keine großen Gebäude mehr errichtet (Tempel etc.).
Lange Zeit dachte man die Maya waren eine extrem friedliche Zivilisation. Sie beschäftigen sich nur mit Kunst, Beobachtung der Sterne und Kalender. Als es gelang, die Maya Schrift zu entschlüsseln, änderte sich dieses Bild. Die einzelnen Maya Staaten führten ständig Kriege untereinander und es gab auch Menschenopfer- besiegten Feinden wurden beispielsweise die Köpfe abgeschlagen.
Rätselhaft ist immer noch, weshalb es zum schon erwähnten Niedergang der Mayakultur kam. Satellitenaufnahmen der NASA zeigen, dass sie einen rücksichtslosen Raubbau an der Natur durchführten. Dadurch wurden weite Landstriche ausgetrocknet. Aus Ablagerungen um 900 n. Chr. geht hervor, dass eine außergewöhnliche Dürreperiode vorherrschte. Dies könnte auch durch klimatische Veränderungen hervorgerufen worden sein.
An der Spitze eines Maya Staats stand ein als Gott verehrter Herrscher. Er regierte mit seinem Hofstaat (Adelige und Priester) sein Volk. Dieser Herrscher galt auch als Mittler zwischen den Göttern und Ahnen und seinen Untertanen, deshalb war seine Macht auch uneingeschränkt. Er sorgte für gute Ernte, Weisheit und Gerechtigkeit. Ein großes Problem in Teilen des Siedlungsgebietes der Maya war die Wasserknappheit. Deshalb ersann man Methoden das Wasser gut zu bewirtschaften und zu verteilen. Die ersten Siedlungen gab es in der Nähe eingebrochener Karsthöhlen oder an Senken, die Regenwasser speicherten. Dadurch bildeten sich auch Hierarchien. Nur bestimmte Personen kontrollierten das Wasser. In der Vorklassik wurden diese

Anführer Ajaw genannt, später, zur Zeit der Klassik, Kuhul ajaw (göttlicher Herrscher). Die Maya besaßen eine Hieroglyphenschrift, doch nur etwa 5% der Bevölkerung konnte lesen. Die meisten Texte beginnen mit einem Datum, was für die Historiker sehr wichtig ist.
Die Städte der Maya waren nicht durch Mauern von der Außenwelt getrennt. Im Zentrum der Städte wurde der Königspalast sowie Tempel errichtet. Das Volk wohnte weiter im Außenbereich, meist in Häusern aus Holz und Lehm. In der Stadt Calakmul gab es 6000 Gebäude und Denkmäler. In mehreren Senken um die Siedlung herum wurde das kostbare Wasser gesammelt. Im Norden lag die Dynastie der Schlange, der Schlangenkopf war Kaan. Calakmul war das wichtigste Zentrum. Im Süden des Maya Tieflands dominierte Tikal. Im Jahre 562 gab es einen großen Krieg zwischen diesen beiden Städten. Die Stadt Tikal wurde dabei vernichtend geschlagen. Die Stadt wurde letztmals im Jahr 869 erwähnt.
Die Maya verfügten über ein vollständiges Schriftsystem, ihre Sprache konnten sie vollständig in Schrift umsetzen. Sie waren das einzige Volk des alten Amerika, das dieses System entwickelt hatte. Inschriften findet man auf Stein, Holz, Keramiken und Rindenbasthaut (sog. Codices). Die Schriften berichten von Geburten, Hochzeiten der Herrscher, Inthronisierungen, Opferung der Gefangenen usw. Das Zahlensystem operiert mit drei Symbolen: eine Muschel für Null, ein Punkt für 1 und ein Strich für 5. Die Zahlen wurden vertikal angeordnet, der niedrigste Wert stand unten, der höchste an der Spitze.

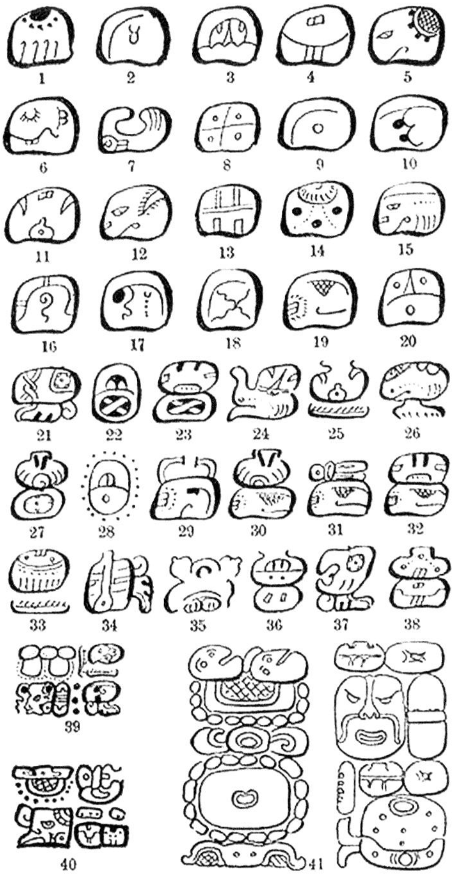

Abb. 63: Abbildung: Das System der Hieroglyphen der Maya.

Die Maya Hieroglyphen sind in der Abbildung 63 wiedergegeben, z.B. bedeutet Nummer 6 den Tod, cimi, ein geschlossenes Auge sowie ein fleischloses Unterkiefer.

Die Zahlen lauten wie in Abbildung 64 wiedergegeben

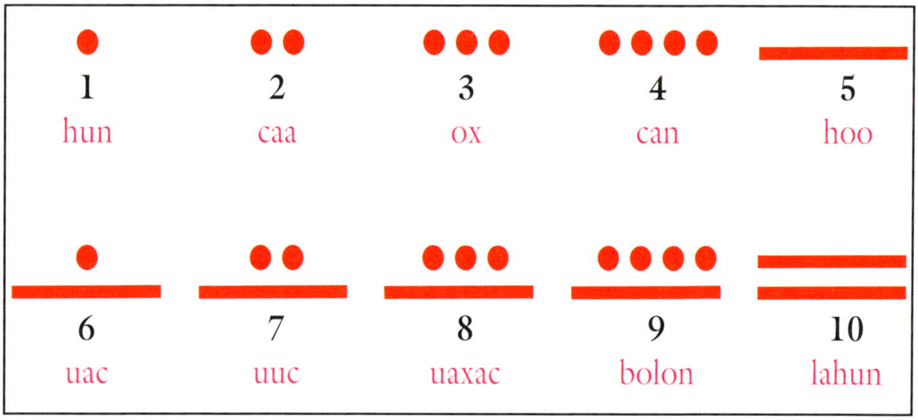

Abb. 64: Die Zahlen von 1 bis 10.

Die Maya Schrift wurde erstmalig von Ernst Förstemann (1822-1906) entziffert (sog. Dresdner Mayacodex).

Abb. 65: Die Cenote in Chichen Itza. Es handelt sich um mit Wasser gefüllte Kalksteinlöcher. Hier wurden Opfer vollbracht u.a. auch Leute ertränkt.

Heute leben noch etwa 6 Millionen Maya in Zentralamerika, sie werden als Indigenas bezeichnet, die meisten findet man in Guatemala. Im Jahre 1687 wurde die letzte große freie Maya Stadt (Tayasal) erobert.

Die Maya und das Universum

Nach Auffassung der Maya ist das ganze Universum aus heiligen Energien entstanden und deshalb auch jetzt noch von dieser Energie bestimmt. Der Kosmos wurde durch Götter erschaffen und der Mensch wurde als Motor und Erhalter des Kosmos eingesetzt. Rituelle Handlungen bildeten den Mittelpunkt des alltäglichen Mayalebens. Die Städte wurden mit Inschriften versehen. Nach der Eroberung durch die Spanier wurden diese Mythen von gebildeten Mayas in lateinische Schrift übertragen. Zeit ist nach deren Auffassung wie ein zyklisch wiederkehrender Prozess. Das Universum wechselt stets zwischen zwei Zuständen: Ordnung oder Stillstand sowie Chaos. Die Sonne und ihre tägliche Bahn stehen im Mittelpunkt dieser zyklischen Vorstellungen und haben diese vielleicht sogar geprägt. Zeit wird als Ordnung interpretiert, Zeitlosigkeit als Chaos. Wie wir schon erwähnten, gab es sehr gute Kenntnisse in den Bereichen Astronomie und Mathematik und sogar den Begriff der Zahl Null. Ein Beispiel für deren gute astronomische Kenntnisse: das tropische Jahr ist definiert als der jährliche Umlauf der Erde um die Sonne, diesem Wert soll das tatsächliche Kalenderjahr angepasst werden, denn das tropische bestimmt die Jahreszeiten. Wie kann man die Länge eines tropischen Jahres einfach bestimmen? Eine Möglichkeit wäre exakt die Zeiten der Tag- und Nachtgleiche zu bestimmen, diese Zeitpunkte bestimmen den Frühlings- bzw. den Herbstbeginn. Die Mayas irrten sich in der Länge des tropischen Jahres nur um 17,28 Sekunden.

5.2 Die Azteken

Auf dem Höhepunkt der Macht kontrollierten die Azteken weite Teile Zentralmexikos. Das Machtzentrum fällt fast mit dem heutigen Mexico City zusammen. Sie waren bei ihren Nachbarvölkern sehr unbeliebt wegen ihrer Aggressivität. Der Spanier Cortez (1485-1547) besiegte nach sehr verlustreichen Kämpfen dieses kriegerische Volk.
Der im täglichen Leben verwendete Aztekische Kalender ist ebenfalls nach dem Sonnenjahr ausgerichtet und heißt xihuitl (entspricht bei den Maya haab). Er umfasst 18 Monate zu je 20 Tagen sowie 5 Zusatztage. Der heilige Kalender tonalpohualli, hatte 260 Tage, 20 Wochen zu je 13 Tagen. Beide Kalender wurden kombiniert, es entstand ein Kalenderrad von 52 Jahren.
Der Stein der Sonne (Piedra del Sol) wird oft als Aztekenkalender bezeichnet. Er besteht aus Basalt und besitzt einen Durchmesser von 3,6 m und ist 1,22 m dick. Damit beträgt das Gewicht 24 Tonnen. Im Zentrum befindet sich der Sonnengott Tonatiuh. Man erkennt große Ohren sowie eine herausgestreckte Zunge. Das Gesicht ist in 4 Äste eingebettet (Olin Zeichen). In den Olin Zeichen befinden sich Hieroglyphen, die die vier Weltzeitalter anzeigen. Die Azteken glaubten, dass die Erde viermal durch eine Katastrophe vernichtet wurde. Die vier Weltzeitalter lauten: Jaguarsonne, Windsonne, Regensonne, Wassersonne. Der nächste Ring besteht aus den 20 Tageszeichen.

Abb. 66: Der Aztekenkalenderstein. Die Farben wurden eingeführt um die Details besser zu erkennen.

5.3 Unser Kalender

Kalender wurden in allen Kulturen wichtig, sobald eine Einteilung der Zeit notwendig war. Betreibt man Landwirtschaft, muss man wissen wann mit der Aussaat zu beginnen ist, die Festlegung religiöser Feste erfordert natürlich ebenso eine Zeiteinteilung. Meist ist es auch zweckmäßig, dass sich die Kalender an den Jahreszeiten orientieren, die vom Umlauf der Erde um die Sonne und der Neigung der Erdachse gegenüber ihrer Bahnebene hervorgerufen werden. Die ersten Kalender gehen auf etwa 1400 v. Chr. zurück (Ägyptische Kalender).

Sonnen- und Mondkalender

Man unterscheidet prinzipiell zwischen einem Sonnenkalender, der sich nach dem Lauf der Sonne orientiert und einem Mondkalender, welcher aus zwölf Mondumläufen besteht. Ein Mondumlauf dauert 29,5 Tage. Dies wird als synodischer Monat bezeichnet. Wenn z.B. heute Vollmond ist, dann ist der nächste Vollmond in 29,5 Tagen. Nach einem synodischen Monat steht der Mond jedoch nicht mehr an der selben Stelle am Himmel, da die Erde in dieser Zeit etwas weiter um die Sonne gewandert ist. Der siderische Monat, also die Zeitspanne, die vergeht bis der Mond nach einem Erdumlauf wieder an der gleichen Himmelsposition steht, ist um etwa 2 Tage kürzer.

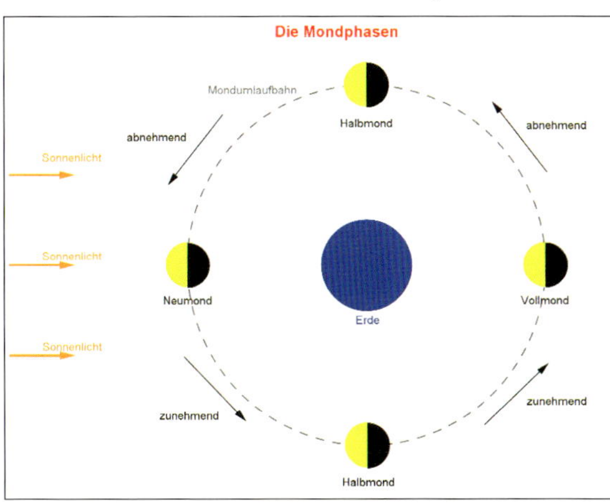

Abb. 67: Die Entstehung der Mondphasen. Nach einem Umlauf des Mondes um die Erde hat die Erde etwa 1/12 ihres Umlaufs um die Sonne zurückgelegt.

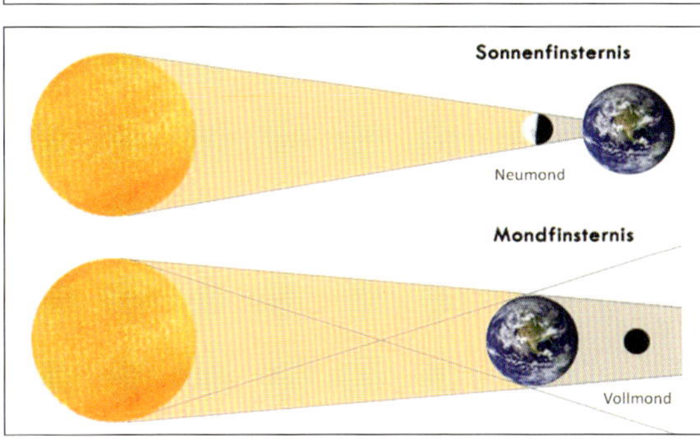

Abb. 68: Bei einer Sonnenfinsternis steht der Neumond zwischen Sonne und Erde, bei einer Mondfinsternis taucht der Mond in den Kernschatten der Erde. Die Abstände und Größen der Himmelskörper sind nicht maßstäblich!

Das Mondjahr ist um elf Tage kürzer als das Sonnenjahr. Der Anfang eines Mondjahres durchläuft daher in 33 Jahren alle Jahreszeiten.
Die Abfolge der Jahreszeiten wird durch das tropische Jahr bestimmt. Die Länge des tropischen Jahres lässt sich bestimmen aus dem Sonnenlauf durch genaue Beobachtungen.
Aus verschiedenen Gründen (Einflüsse der Planeten z.B.) nimmt die Länge des tropischen Jahres ab und man kann eine Formel dafür angeben:
Tropisches Jahr = 365 Tage 5 Stunden 45,1834 s-(5,3155 t) (s) – (0,00526 t^2 s)+(0,022917 t^3)(s)
das entspricht 365,24219 Tage, t wird in sogenannten julianischen Jahrtausenden zu je 365250 Tagen angegeben. Ganz genau müsste man hier noch berücksichtigen, dass infolge der Gezeitenreibung auch die Tageslänge nicht konstant ist.

Das Jahr in dem 10 Tage fehlten ...

Vor 1582 verwendete man den Julianischen Kalender, welcher im Jahre 46 v. Chr. von Julius Cäsar eingeführt wurde (von den Ägyptern übernommen). Im Julianischen Kalender beträgt die Jahreslänge 365,25 Tage, das Jahr hat 365 Tage und alle vier Jahre gibt es ein Schaltjahr. Damit beträgt der Fehler zum tatsächlichen tropischen Jahr 11 Minuten. Der tatsächliche Frühlingsanfang verschiebt sich daher alle 130 Jahre um einen Tag auf ein früheres Kalenderdatum. So sah man sich gezwungen eine Reform durchzuführen und es gab damals nur eine Autorität, die verordnen konnte, dass auf den 4. Oktober 1582 der 15. Oktober 1582 folgte, Papst Gregor XIII.
In der päpstlichen Bulle Inter Gravissimas wird dies verordnet. Das Problem war, dass die Kirche den Frühlingsbeginn im Konzil von Nicäa auf den 21. März festgelegt hatte. Das Osterfest war dann wie folgt definiert: der Ostersonntag ist der erste Sonntag nach dem Frühlingsvollmondtag. Das Konzil von Nicäa wurde vom römischen Kaiser Konstantin I im Jahr 325 in Nicäa einberufen (bei Konstantinopel).

Abb. 69: Papst Gregor XIII

In dieser Bulle zur Kalenderreform heisst es z.B.:
7. Quo igitur vernum aequinoctium, quod a patribus concilii Nicaeni ad XII kalendas aprilis fuit constitutum, ad eamdem sedem restituatur, praecipimus et mandamus ut de mense octobris anni MDLXXXII decem dies inclusive a tertia nonarum usque ad pridie idus eximantur, et dies, qui festum S. Francisci IV nonas celebrari solitum sequitur, dicatur idus octobris, atque in eo celebretur festum Ss. Dionysii, Rustici et Eleutherii martyrum, cum commemoratione S. Marci Papae et confessoris, et Ss. Sergii, Bacchi, Marcelli et Apulei martyrum; septimodecimo vero kalendas novembris, qui dies proxime sequitur, celebretur festum S. Callisti Papae et martyris; deinde XVI kalendas novembris fiat officium et missa de dominica XVIII post Pentecostem, mutata littera dominicali G in C; quintodecimo denique kalendas novembris dies festus agatur S. Lucae evangelistae, a quo reliqui deinceps agantur festi dies, prout sunt in kalendario descripti.

Übersetzung:
7. Um nun das Frühlingsäquinoktium, das von den Vätern des Konzils von Nicäa auf den 21. März (XII. Kal. Aprilis) festgelegt worden war, auf eben diesen Platz zurückzuführen, ordnen wir an und befehlen wir, dass von dem Monat Oktober des Jahres 1582 zehn Tage vom 5. Oktober einschließlich (III. Nona) bis zum 14. Oktober (pridie Idus) herausgenommen werden. Der Tag, der auf das Fest des St. Franciscus folgt, das man am 4. Oktober (IV. Nona) zu begehen pflegt, soll der 15. Oktober (Idus Octobris) genannt werde. An diesem Tag soll gefeiert werden das Fest der Märtyrer St. Dionysius, St. Rusticus und St. Eleutherius sowie das Gedenken an Papst und Confessor Markus und die Märtyrer St. Sergius, St. Bacchus, St. Marcellus und St. Apuleius. Am 16. Oktober (XVII. Kal. Novembris), dem folgenden Tag, soll das Fest des Papstes und Märtyrers St. Callistus gefeiert werden, am 17. Oktober (XVI. Kal. Novembris) soll die Messe gelesen werden des 18. Sonntags nach Pfingsten und der Sonntagsbuchstabe soll von G auf C wechseln. Am 18. Oktober (XV. Kal. Novembris) schließlich wird der Tag des Evangelisten St. Lukas begangen, und von da ab werden alle weiteren Festtage so begangen, wie es im Kalendarium verzeichnet ist.

Natürlich hatte das auch Auswirkungen auf Wirtschaft und Handel und deshalb heißt es weiter:
Damit niemandem durch diesen Abzug von zehn Tagen in Bezug auf monatliche oder jährliche Zahlungen ein Nachteil entstehe, wird es Aufgabe der Richter sein, in Streitfragen, die hierüber entstehen, die

besagte Subtraktion in Rechnung zu stellen, indem sie zehn Tage für die Frist einer Zahlung hinzufügen.
Und dann steht im nächsten Teil genau:
Damit ferner in Zukunft das Frühlingsäquinoktium nicht wieder vom 21. März (XII. Kal. Aprilis) zurückweiche, beschließen wir, dass weiterhin jedes vierte Jahr (wie es Brauch ist) ein Schaltjahr sein soll, ausgenommen jedoch die Säkularjahre. So wie diese früher immer Schaltjahre waren, so soll es auch noch das Jahr 1600 sein, danach jedoch sollen die folgenden Säkularjahre nicht alle Schaltjahre sein, sondern von je vier Säkularjahren sollen die ersten drei ohne Schalttag verstreichen, jedes vierte Säkularjahr soll jedoch ein Schaltjahr sein, so dass die Jahre 1700, 1800 und 1900 keine Schaltjahre sind, im Jahr 2000 jedoch nach gewohntem Brauch ein Schalttag eingefügt wird, so dass dann der Februar 29 Tage enthält. Diese Reihenfolge des Auslassens oder Einfügens eines Schalttages in je vierhundert Jahren, soll immerfort beibehalten werden.
Somit lautet die gregorianische Regel: alle vier Jahre ist ein Schaltjahr, d.h. wenn die Jahreszahl durch 4 ohne Rest teilbar ist, die vollen Jahrhunderte sind aber nur dann ein Schaltjahr, wenn sie durch 400 ohne Rest teilbar sind. Das klingt kompliziert ist aber recht einfach: Betrachten wir das Jahr 1900: es ist durch vier ohne Rest teilbar (1900:4=475), jedoch nicht durch 400 ohne Rest. Deshalb ist es kein Schaltjahr (es wäre aber nach dem julianischen Kalender eines!).
Vergleicht man historische Datumsangaben muss man berücksichtigen dass diese Kalenderreform in verschiedenen Ländern zu unterschiedlichen Zeiten eingeführt wurde. Als erstes wurde der gregorianische Kalender in Italien und Spanien verwendet, in Deutschland erst 1700, oder in England um 1752. In Russland wurde die Reform im Februar 1918 eingeführt, aus dem 1.2. (alter Stil) wurde der 14.2. (neuer Stil).
Wie schon erwähnt, weicht der Mondkalender vom Sonnenkalender ab. Um diese Kalender anzupassen, findet man bei vielen Völkern das sogenannte Lunisolarjahr, also eine Kombination aus beiden Kalendern. Das Jahr hat dann abwechselnd 12 oder 13 Monate.
Im jüdischen Kalender verwendet man ein gebundenes Mondjahr mit 12 und 13 Monaten und es gibt Jahreslängen mit 353, 354, 355, 383, 384 und 385 Tagen. Die Jahreszählung beginnt mit der nach jüdischer Auffassung erfolgten Weltschöpfung 3761 v. Chr. Der islamische Kalender ist ein reines Mondjahr. Es gibt abwechselnd Monate zu 29 und 30 Tagen, das Gemeinjahr hat 354 Tage, das Schaltjahr 355 Tage.

Kapitel 6.

Gefahr von der Sonne?

6.1 Die Sonne unser Stern

Abb.70: Der ägyptische Sonnengott Ra

Sonne und Leben

Die Sonne ist der Stern von dem und mit dem wir leben. Sie spendet uns Licht und Wärme und ihre Bedeutung für die Erde und das Leben darauf wurde schon in den alten Kulturen erkannt. Die alten Ägypter glaubten an eine Sonnenbarke, die täglich über den Himmel zieht. Die Sonne selbst ist ein Gott und wurde nicht von Göttern erschaffen. Ihr Lauf während eines Tages symbolisiert das Leben: Die Sonne wurde als Kind am Morgen geboren (Chepre), war am Mittag im besten Mannesalter (Re) und starb dann am Abend als Greis (Atum). Pharao Amenophis IV (1351-1334 v. Chr.), bekannt unter dem Namen Echnaton, führte den Aton Kult ein. Die Sonnenscheibe war das Symbol dieses Gottes. Auch in der nordischen Mythologie finden wir einen Sonnenwagen (Sonnenwagen von Trundholm z. B.). Unser christliches Weihnachtsfest stimmt mit dem Sol Feiertag zusammen. Sol war der römische Sonnengott in der späten Antike. Bei den Azteken war Huitzilopochtli der Kriegs und Sonnengott.

Sonne und Flecken

Die Sonne ist der uns am nächsten gelegene Stern und der einzige Stern auf dessen Oberfläche wir Details beobachten können. Schon die alten Chinesen sahen bei tief stehender Sonne die Sonnenflecken. Damit man auf der Erde eine Sonnenfleckengruppe mit freiem Auge erkennen kann, muss sie eine Ausdehnung von etwa 40 000 km besitzen. Die ersten Beobachtungen von Sonnenflecken mit einem Teleskop erfolgten dann im Jahre 1609 von Galileo Galilei und Christoph Scheiner. Zunächst war nicht klar, ob es sich dabei um Erscheinungen der Sonnenoberfläche handelt, oder um Planeten, welche innerhalb der Erdbahn liegend, die Sonnenscheibe passieren (Transit). Galilei geriet mit seinen Beobachtungen der Sonnenflecken in Konflikt mit der katholischen Kirche. Im Jahre 1612 verfasste Pater Christoph Scheiner in Deutschland seine Briefe über Sonnenflecken (de maculis solaribus). Galilei glaubte dass es sich dabei um Wolken handelt, die in der Atmosphäre der Sonne seien.

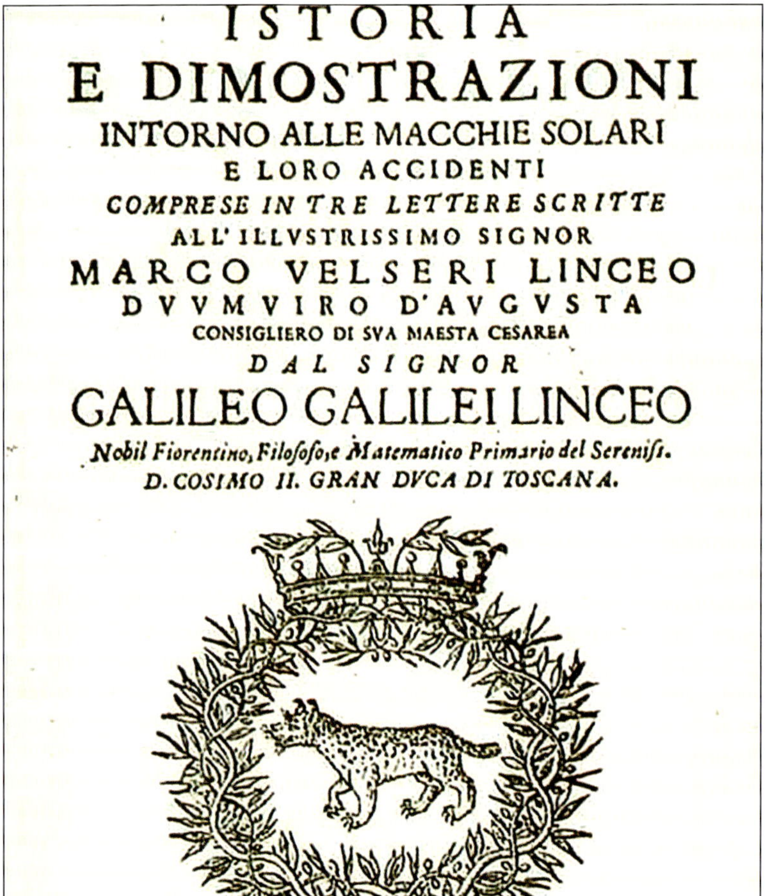

ISTORIA
E DIMOSTRAZIONI
INTORNO ALLE MACCHIE SOLARI
E LORO ACCIDENTI
COMPRESE IN TRE LETTERE SCRITTE
ALL' ILLVSTRISSIMO SIGNOR
MARCO VELSERI LINCEO
DVVMVIRO D'AVGVSTA
CONSIGLIERO DI SVA MAESTA CESAREA
DAL SIGNOR
GALILEO GALILEI LINCEO
Nobil Fiorentino, Filosofo, e Matematico Primario del Sereniss.
D. COSIMO II. GRAN DVCA DI TOSCANA.

IN ROMA, Appresso Giacomo Mascardi. MDCXIII.

CON LICENZA DE' SVPERIORI.

Abb. 71: Lettere solai von G. Galilei

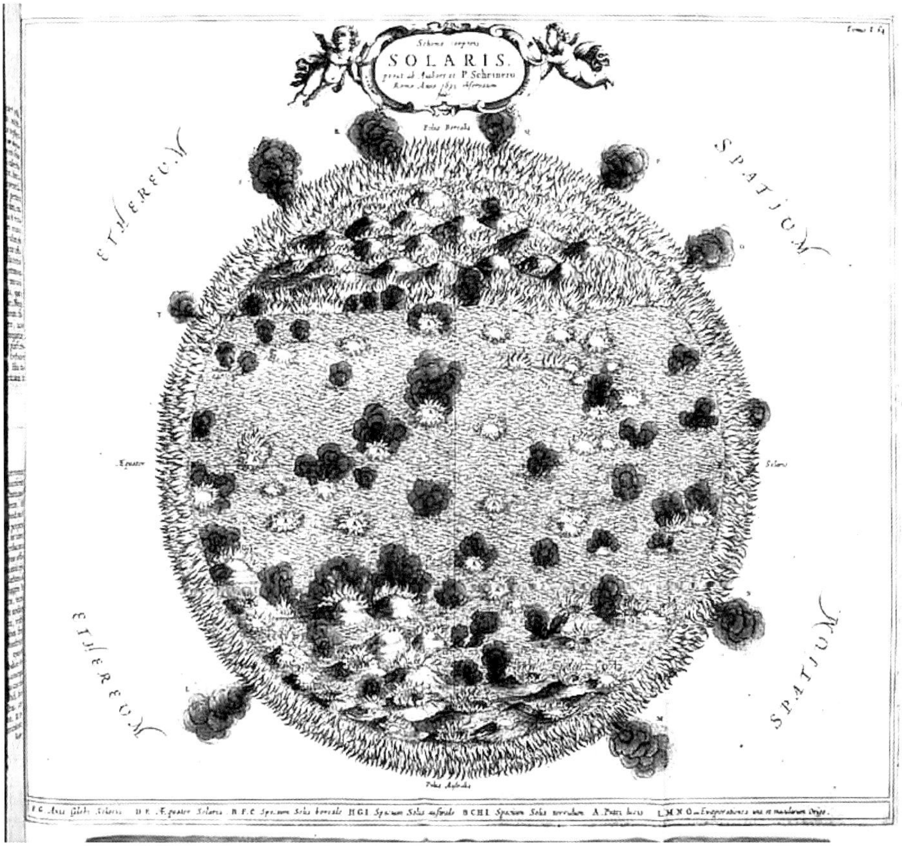

Abb. 72: Sonnenflecken nach Scheiner.

Zwischen Galilei und Scheiner gab es einen jahrelangen Kampf um die Entdeckung sowie die Deutung der Sonnenflecken.

6.2 Eigenschaften der Sonne

Wie weit ist die Sonne entfernt?

Als erster versuchte Aristarch um 270 v. Chr. die Entfernung der Sonne zu bestimmen. Er überlegte sich, dass bei der Mondphase erstes oder letztes Viertel vom Mond aus gesehen Erde und Sonne unter einem rechten Winkel erscheinen müssten. Misst man nun den Abstand des Mondes von der Sonne, dann ergibt sich daraus zumindest das Verhältnis der Entfernung Erde-Sonne zu Erde-Mond. Dies ist in der Abbildung skizziert. Das Problem dabei ist, dass der Abstand der Entfernung des Mondes am Himmel von der Sonne zur Zeit des ersten oder letzten Viertels nicht genau bestimmt werden konnte und auch der exakte Zeitpunkt der Mondphasen ungenau war.

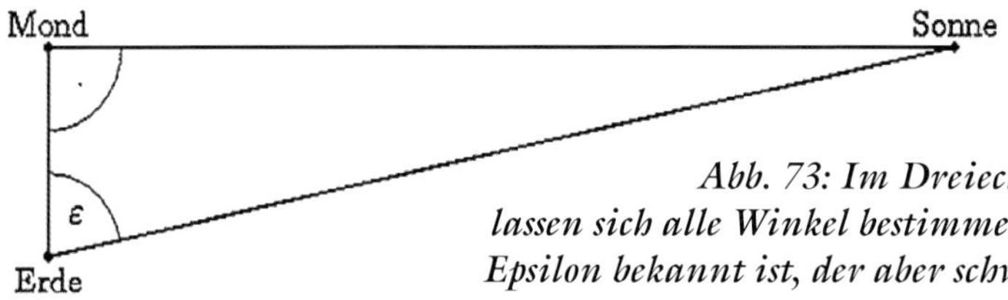

Abb. 73: Im Dreieck Erde-Mond-Sonne lassen sich alle Winkel bestimmen, wenn der Winkel Epsilon bekannt ist, der aber schwierig zu messen ist.

Aristarch bestimmte den Winkel Epsilon zu 87 Grad und daraus folgt dass die Sonne etwa 20-mal weiter entfernt sein muss als der Mond. Der richtige Wert liegt jedoch sehr nahe bei 90 Grad, nämlich 89 Grad 51 Minuten und daraus folgt, dass die Sonne 400-mal weiter entfernt als der Mond ist. Die Sonne ist etwa 150 Millionen km von der Erde entfernt. Dies wurde im Jahre 1672 von Cassini bestimmt (er erhielt allerdings den Wert 138 Millionen km).

Wie groß und wie massereich ist die Sonne?

Die Größe der Sonne lässt sich einfach ermitteln sobald man ihren Winkeldurchmesser am Himmel bestimmt hat, der in etwa 0,5 Grad beträgt, und ihre wahre Entfernung kennt. Ihr Durchmesser beträgt etwa das 109 fache der Erde.

Die Masse der Sonne folgt aus den Kepler Gesetzen der Planetenbewegung. Betrachten wir das System Erde-Sonne. Die Erde besitzt eine Masse M_1, die Sonne eine Masse M_2. Der Abstand der Erde von der Sonne betrage a und T sei die Umlaufdauer der Erde um die Sonne (1 Jahr=31,5 Millionen Sekunden).Im dritten Keplergesetz kann man die Masse der Erde M_1 im Vergleich zur Sonnenmasse M_2 vernachlässigen und findet für die Masse der Sonne 2 x 10^{30} kg oder 333 000 Erdmassen. Diese Masse ist gewaltig. Zählt man alle großen Planeten im Sonnensys-

$$\frac{a^3}{T^2} = \frac{G}{4\pi^2}(M_1 + M_2)$$

tem zusammen, sowie alle Zwergplaneten, Kometen, Asteroiden, dann beträgt deren Massensumme nur etwa 1‰ der Sonnenmasse!

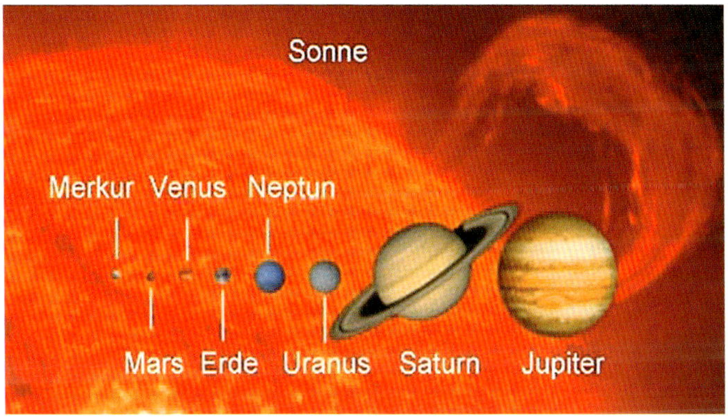

Abb. 74: Vergleich der Größe der Sonne (Hintergrund, Ausschnitt) mit den großen Planeten.

Astronomisch gesehen ist unsere Sonne ein häufig vorkommender Sterntyp, aber es gibt auch Sterne, die 100 mal mehr Sonnenmasse enthalten oder die mehr als 1000 mal die Größe der Sonne erreichen.

Wie heiß ist es auf der Sonne?

Astronomie ist eine ganz besondere Wissenschaft. Nur in den wenigsten Fällen können Astronominnen und Astronomen mit ihren Forschungsobjekten direkt experimentieren. Die meisten Größen, die einen Stern charakterisieren, muss man aus seiner Strahlung ableiten, so auch die Temperatur. Dazu ein einfaches Gedankenexperiment, das Sie leicht in der Realität nachvollziehen können und wahrscheinlich auch täglich machen. Stellen sie sich vor, eine Kochplatte wird eingeschaltet. Zunächst sieht man nichts, aber man kann die Wärme der Platte spüren wenn man die Hand darüber hält. Ab einer bestimmten Temperatur jedoch beginnt die Platte zu leuchten. Zunächst ganz dunkelrot, kaum wahrnehmbar und dann immer heller und hellroter. Wärme ist Infrarotstrahlung, sie ist für das menschliche Auge unsichtbar, aber durch unsere Haut können wir sie spüren. Der Unterschied zwischen der Farbe Rot und Infrarotstrahlung liegt nur in der Wellenlänge des Lichtes. Rot besitzt eine kürzere Wellenlänge als Infrarot. Leuchtet die Platte aber hellrot, ist sie wesentlich heißer als wenn sie nur im Infraroten strahlt. Wir sehen: Farbe ist ein Maß für die Temperatur. Man kann diesen Gedankengang noch weiter führen. Das sichtbare Licht umfasst die Farben violett-blau-grün-gelb-orange und rot. Ein glühender Körper, der blau leuchtet, ist also wesentlich heißer als ein roter, da eben blau eine kürzere Wellenlänge

besitzt (etwa 400 nm, 1nm=1/1 000 000 000 m). Aus der Farbe eines Sternes kann man daher seine Temperatur ableiten. Die Sonne ist ein gelber Stern, es gibt blau leuchtende Sterne, deren Temperatur weit über 10000 K[5] liegt aber auch dunkelrot leuchtende Sterne mit etwa 3000 K[5] Oberflächentemperatur.
Die Temperatur an der Sonnenoberfläche beträgt 6000 K. Sonnenflecken erscheinen deshalb als dunkel vor der hellen Sonnenscheibe, weil sie um bis zu 2000 K kühler sind.

Das Zentrum der Sonne

Die Sonne besitzt einen schalenartigen Aufbau.
Im Kernbereich wird die Energie durch Kernfusion erzeugt. Insgesamt vier Wasserstoffatome verschmelzen zu einem Heliumkern. Vergleicht man die Massen, dann sieht man, dass die vier Wasserstoffkerne etwas schwerer als der Heliumkern sind. Diese dem Heliumkern fehlende Masse wird in Energie umgewandelt und an die Oberfläche der Sonne transportiert und dabei in der Strahlungszone immer wieder absorbiert und reemittiert. In einer Tiefe von etwa 200 000 km unterhalb der Sonnenoberfläche wird die Energie durch Konvektion transportiert, heißes Sonnenplasma steigt auf, kühlt sich ab, sinkt wieder nach unten. Es ist interessant anzumerken, dass es für ein im Kernbereich der Sonne erzeugtes Energiepaket einige 100 000 Jahre dauert, ehe dieses an die Oberfläche der Sonne gelangt und abgestrahlt wird. Wir sehen also die Sonne heute mit den Energiepaketen leuchten, die vor etwa 100 000 Jahren im Inneren erzeugt wurden. Würde die Kernfusion heute im Inneren der Sonne erlöschen, würde die Sonne sich zunächst überhaupt nicht ändern.

Geisterteilchen von der Sonne

Man kann prüfen ob unsere Vorstellungen von Aufbau und Energieerzeugung der Sonne richtig sind. Es ist möglich, quasi in das Innere der Sonne zu blicken. Bei der Verschmelzung von Wasserstoff zu Heliumkernen werden Neutrinos frei. Das sind Teilchen mit einer extrem geringen Masse. Sie können die gesamte Sonne praktisch ungestört durchdringen und gelangen auf die Erde. Mit speziellen Neutrinodetektoren kann man sie aber dennoch nachweisen. Man verwendet dazu z.B. unterirdisch gelagerte Tanks mit einer Reinigungsflüssigkeit (Perchloräthylen). Durch den Einfang von Sonnenneutrinos werden einige Chlor Atome pro Monat zu Argon Atomen umgewandelt. Diese wenigen Argonatome zu finden, ist eine wahrhaftige Suche nach der berühmten Stecknadel im Heuhaufen. Es zeigte sich, dass man zu wenig

Neutrinos von der Sonne bekommt. Zunächst glaubte man, dass unsere Vorstellungen vom Aufbau der Sonne falsch sein könnten. Dann kam man aber zu einer völlig anderen Erklärung. Neutrinos können zwischen verschiedenen Zuständen oszillieren. Sie wandeln sich also laufend in verschiedene Arten um (es gibt insgesamt drei). Mit unseren Detektoren kann man aber nur eine Neutrinoart erkennen. Neuerdings gibt es auch noch andere Hinweise auf das Sonneninnere und dessen Aufbau. Die Untersuchung der Ausbreitung von Sonnenschwingungen erlaubt, ähnlich wie bei Erdbeben auf der Erde, das Innere zu studieren. Das wird als Helioseismologie bezeichnet.

Strahlungszone und Konvektionszone

Die im Sonnenzentrum erzeugte Energie muss an die Oberfläche transportiert werden. Dies geschieht zunächst durch Strahlung, anschließend durch Konvektion. Die Konvektion setzt ungefähr 200 000 km unterhalb der Sonnenoberfläche ein. Heiße Gasblasen steigen nach oben auf, kühlen sich ab, strahlen dabei Energie ab, und sinken wieder nach unten. Dieses Experiment kann jeder selbst nachvollziehen. Man koche Wasser auf einer Herdplatte in einem Topf. Dann sieht man, wie sich unten auf dem Topfboden heiße Gasblasen bilden, die nach oben blubbern und sich dann wieder auflösen. Es entsteht eine brodelnde Wasserfläche. Ähnlich ist es bei der Sonne. Bei genauer Betrachtung sieht man, die Sonnenoberfläche ist nicht gleichförmig, sondern es gibt ein Muster aus zellartigen Strukturen, die sich bilden und nach einigen Minuten wieder auflösen. Dies nennt man auch Granulation. Der Durchmesser dieser Blasen liegt bei etwa 1000 km und man kann sie nur bei sehr guten Beobachtungsbedingungen von der Erde aus beobachten.

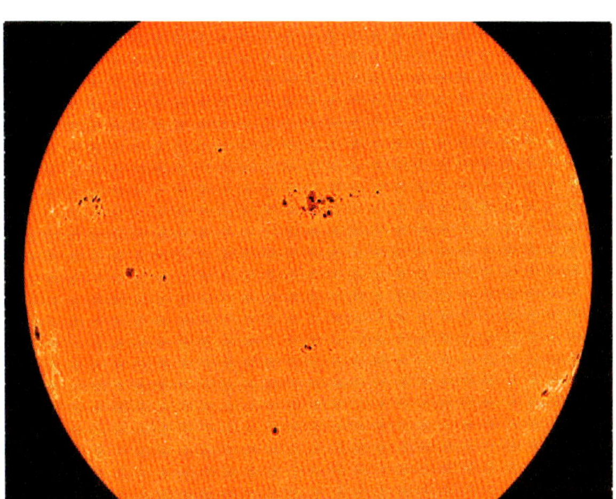

Abb. 75: Die Sonne mit Sonnenflecken. Man erkennt mehrere große Fleckengruppen. Die hellen Gebiete am Sonnenrand nennt man Fackeln. Dort ist die Temperatur um einige 100 Grad höher als in der Photosphäre. Aufnahme: SOHO/MDI, SOHO[6] ist ein ESA/NASA betriebener Sonnensatellit.

Sonnenflecken

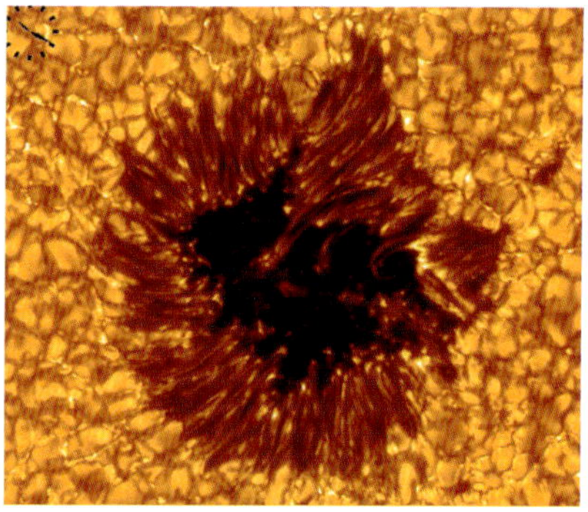

Abb. 76: Sonnenfleck mit Granulation

Neben der zellförmigen nur bei sehr guten Beobachtungsbedingungen sichtbaren Granulation erkennt man auf der Oberfläche der Sonne dunkle Flecken, die Sonnenflecken. Diese können von einigen 1000 km bis zu 40 000 km groß werden und können dann mit freiem (aber geschütztem) Auge erkannt werden. So waren Sonnenflecken schon im alten China gesichtet worden, wenn die Sonne sehr tief stand oder durch Nebel sehr stark abgedämpft erschien. In den Sonnenflecken herrschen tiefere Temperaturen als in der Photosphäre der Sonne. Als Photosphäre bezeichnet man diejenige Schicht in die man im sichtbaren Licht quasi in die Sonne hineinsieht. Die Photosphäre ist knapp 6000 Grad heiß, in den Flecken ist es um 2000 Grad kühler. Grund dafür ist, dass es in den Flecken sehr starke Magnetfelder gibt (sie übertreffen die Stärke des Erdmagnetfeldes um das mehr als 10 000 fache). Diese Magnetfelder behindern den Energietransport nach oben an die Sonnenoberfläche.

Die heiße Sonnenatmosphäre

Stellen Sie sich einen Heizkörper in einem Raum vor. In der Nähe des Heizkörpers wird es wärmer sein als weiter weg. Das würde man auch bei der Sonne so erwarten. An der Sonnenoberfläche herrschen 6000 Grad, je höher man in die Atmosphäre der Sonne hinaufgeht desto kühler sollte es werden, aber das Gegenteil ist der Fall. In den über der Photosphäre liegenden Schichten Chromosphäre und Korona steigt die Temperatur nach oben an. In der Chromosphäre beträgt sie einige 10 000 Grad, in der Korona steigt sie auf mehrere Millionen Grad. Man sucht also in der Sonnenforschung nach einem Mechanismus, der diese Schichten aufheizt. Das könnten Schallwellen, aber auch magnetische Wellen sein, die sich nach oben von der Photosphäre ausgehend ausbreiten. Da die Dichte der Materie immer geringer wird, je höher man in die Sonnenatmosphäre geht, nimmt die Ausbreitungsgeschwindigkeit dieser Wellen zu, es bildet sich eine Schockwelle und dabei wird Energie=Wärme an die Umgebung abgegeben. Durch die turbulenten Bewegungen an der Sonnenoberfläche werden die Magnetfeldlinien hin- und hergetrieben und in der oberen Sonnenatmosphäre können sie verschmelzen, man nennt das eine Rekonnexion. Durch diese Verschmelzung wird ebenfalls Energie freigesetzt.

6.3 Die aktive Sonne

Der Sonnenfleckenzklus

Wie wird man in den Wissenschaften berühmt? Man sollte etwas entdecken. In der Astronomie kann man sehr berühmt werden, wenn man einen Planeten entdeckt. Das dachte sich auch Herr Samuel Schwabe (1789-1875). Er studierte Pharmazie und übernahm die Apotheke seines Großvaters. Seine Leidenschaft galt aber der Astronomie und er verkaufte 1829 seine Apotheke, um sich ausschließlich der Astronomie zu widmen. Er hatte die Idee, dass es innerhalb der Bahn des sonnennächsten Planeten Merkur weitere Planeten geben könnte. Nachdem schon der Planet Merkur nur sehr schwierig zu beobachten ist, dachte er, die beste Möglichkeit sonnennahe Planeten zu beobachten sei während eines Transits. Dann gehen diese Planeten vor der Sonnenscheibe von der Erde aus gesehen vorüber. Wir kennen solche Transits von den Planeten Merkur und Venus.

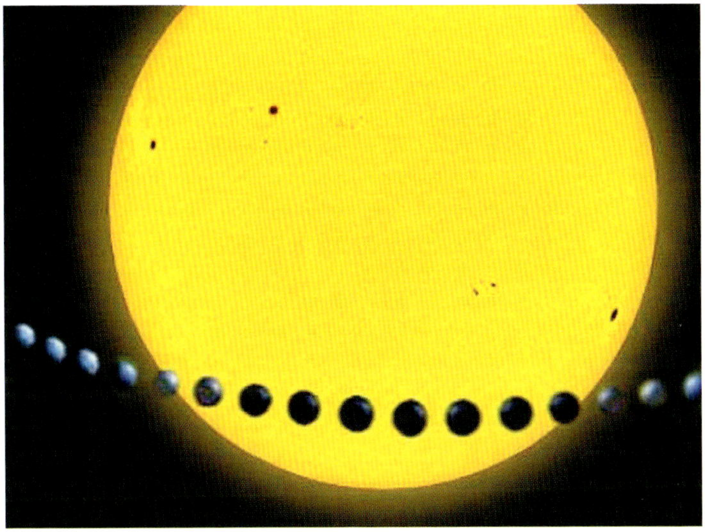

Abb. 77: Transit eines Planeten. Der Planet geht vor seinem Mutterstern vorüber (z.B. Venus vor der Sonne)

Natürlich sind Schwabe dabei die Sonnenflecken aufgefallen und er führte genaue Aufzeichnungen über diese, denn möglicherweise wäre ein Sonnenfleck ein Planet. Als Schwabe seine langjährigen Aufzeichnungen verglich, kam er 1843 zu einer sehr wichtigen Erkenntnis: die Zahl der Sonnenflecken ändert sich mit einem Zyklus von etwa 11 Jahren. Schwabe hat also keinen neuen Planeten gefunden dafür wurde er aber als Entdecker des 11 jährigen Aktivitätszyklus der Sonne berühmt.

Die Sonnenaktivität

Es gibt also den elfjährigen Zyklus der Sonnenaktivität, auch als Schwabezyklus bezeichnet. Wenn man diesen Zyklus länger verfolgt, dann stellt sich heraus, dass er nicht genau periodisch ist; es gibt Zyklen im Bereich von 9 bis 14 Jahren, und auch die Amplituden, also Maxima, fallen unterschiedlich hoch aus. Die Zyklen werden seit 1749 durchnummeriert, gegenwärtig sind wir im Zyklus mit der Nummer 24. Neben der Zahl der Sonnenflecken gibt es aber noch weitere Aktivitätsphänomene auf der Sonne, die sich im Laufe des 11 jährigen Zyklus ändern.

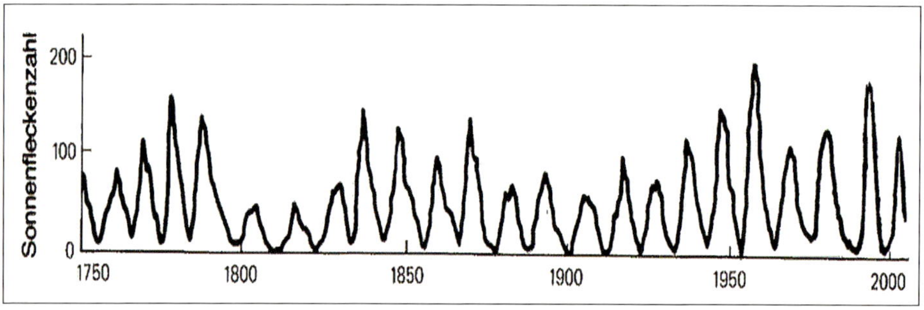

Abb. 78: Der elfjährige Sonnenfleckenzyklus

Flares und koronale Massenauswürfe

Flares sind Erscheinungen der Chromosphäre der Sonne. Durch magnetische Rekonnexion, also Verschmelzung von Magnetfeldlinien, wird Energie freigesetzt und es entstehen sehr starke kurzwellige UV und Röntgenstrahlung sowie stark beschleunigte Teilchen. Die Aufheizung von Schichten der Chromosphäre kann man im roten Licht der Wasserstofflinie[7] als Aufhellung beobachten. Die bei einem Flareausbruch frei werdenden Energiemengen sind enorm: die freigesetzte Energiemenge entspricht der Energie mehrerer Milliarden Wasserstoffatombombenexplosionen. Bei normaler Sonnenaktivität kann man etwa zehn Flares pro Tag beobachten.

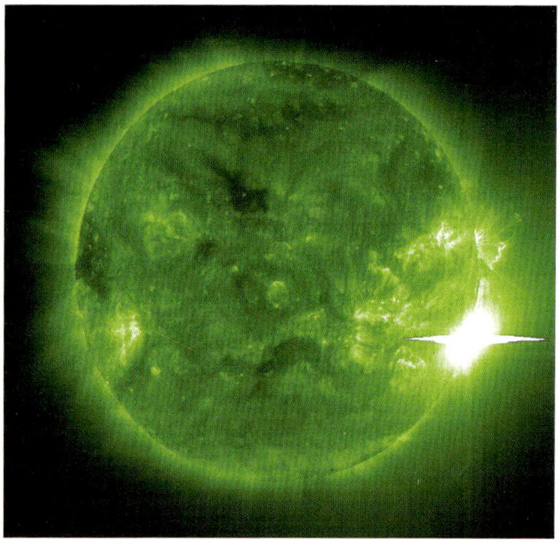

Abb. 79: Flareausbruch im Jahre 2003 (Teil des sog. Halloween Ereignisses). Aufnahme: NASA/ESA

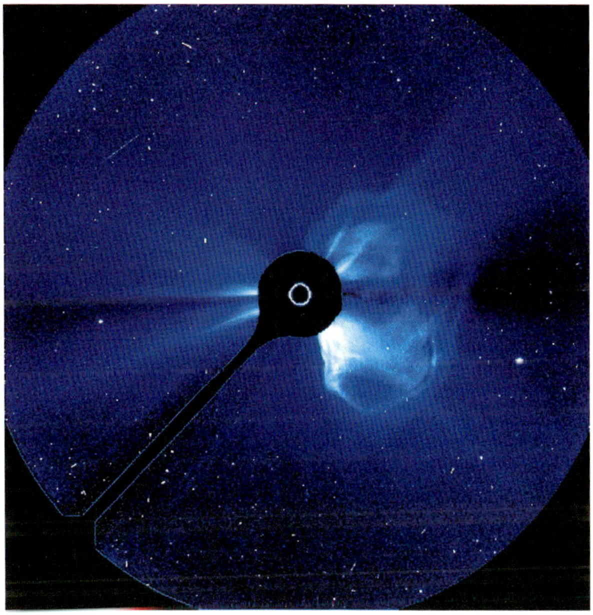

Abb. 80: Ein koronaler Massenauswurf, CME. Aufnahme mit dem LASCO Instrument des NAS/ESA Sonnensatelliten SOHO. Der Innere Kreis zeigt die Größe der (abgedeckten) Sonnenscheibe.

Das Kürzel CME steht für Koronaler Massenauswurf (engl. Coronal Mass Ejection). Man beobachtet riesige Materiebögen in der Korona, sogenannte coronal loops. Diese Bögen zeigen die Materie an, die sich entlang der Magnetfeldlinien anordnet. In der extrem dünnen Korona der Sonne bestimmen Magnetfeldlinien die Bewegung der Materie, in der dichteren Photosphäre bestimmen die turbulenten Bewegungen der Materie die Anordnung der Magnetfelder. Diese Bögen können aufbrechen und dabei wird Materie weggeschleudert, es kommt zu einem koronalen Massenausbruch. Die Ursache liegt wieder in der Verschmelzung von Magnetfeldlinien. Ein bekannter Astrophysiker hat die Bedeutung von Magnetfeldern für die Erklärung der Sonnenaktivität auf den Punkt gebracht: The Sun without magnetic fields has no sex. Im Maximum der Sonnenaktivität können bis zu sechs CMEs pro Tag beobachtet werden. Mehrere Milliarden Tonnen Materie werden mit einer Geschwindigkeit von bis zu 2000 km/s in den Weltraum geschleudert.

Abb. 81: Bogenförmige Strukturen in der oberen Sonnenatmosphäre (Chromosphäre und Korona). Die Materiebögen folgen den magnetischen Feldlinien. Aufnahme: TRACE/NASA

Der Sonnenwind

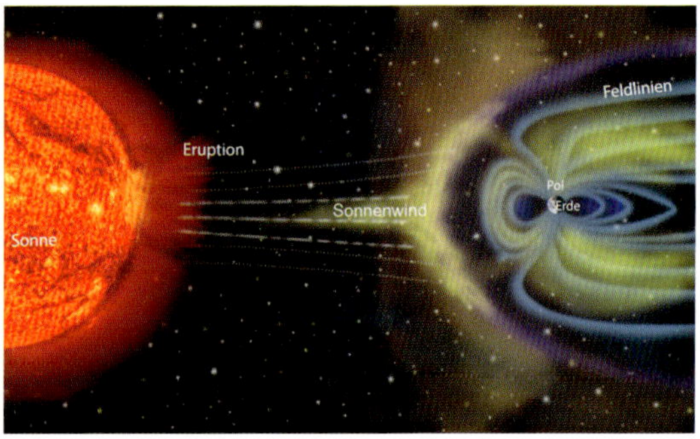

Abb. 82: Skizze: Der ankommende Sonnenwind wird durch das Erdmagnetfeld abgelenkt.

Beobachtungen der Sonne im Röntgenlicht mit Hilfe von Satelliten zeigen die heiße Korona der Sonne. Aber die Korona ist nicht gleichmäßig heiß, sondern es gibt dunkle und helle Stellen. Die dunklen Gebiete bezeichnet man als Koronalöcher (coronal holes). Dort beträgt die Temperatur nur etwa eine Million Grad, während sie an den hellen Stellen bis auf 10 Millionen Grad und mehr ansteigen kann. Die Koronalöcher stellen Gebiete mit offenen Magnetfeldlinien dar. Durch diese strömt der sogenannte schnelle Sonnenwind. Die Geschwindigkeit der entweichenden geladenen Teilchen beträgt etwa 750 km/s. Daneben gibt es den langsamen Sonnenwind, dessen Teilchen sich mit einer Geschwindigkeit von etwa 400 km/s bewegen. Zu Zeiten des Minimums der Sonnenaktivität entströmt er nur aus dem Äquatorbereich der Sonne, zu Zeiten des Maximums kommen die Teilchen auch von den Polen. Insgesamt verliert die Sonne pro Sekunde zwischen 2-3 x 10^{-14} ihrer Masse, das sind etwa 6,7 Milliarden Tonnen pro Stunde.

6.4 Das Weltraumwetter

Die Sonne blitzt auf

Am 1. September 1859 machten der Hobbyastronom und Bierbrauer R. Carrington sowie R. Hodgson eine interessante ungewöhnliche Beobachtung: Zwei Flecken mit starkem hellen und weißen Licht brachen

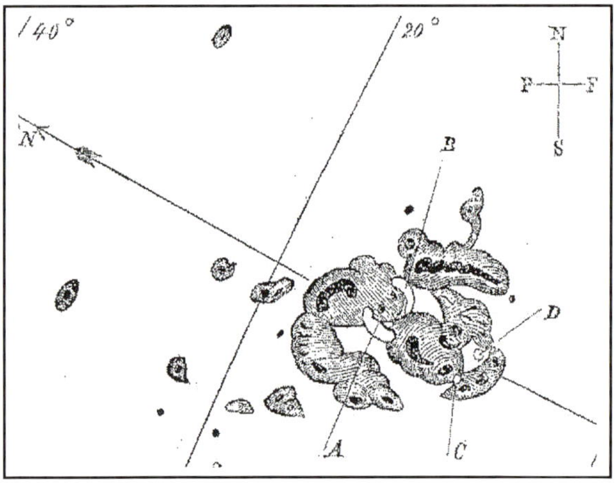

Abb. 83: Originalzeichnung aus der Arbeit Carringtons wo er den Weißlichtflare, den er in der große Sonnenfleckengruppe beobachtete, beschrieb.

aus.... *Ich lief rasch, um jemanden zu rufen, der die Erscheinung bezeugen könnte, und als ich in weniger als 60 Sekunden zurückkam, war ich entsetzt, weil ich sehen musste, wie sehr sie sich schon verändert und abgeschwächt hatten. Sehr bald darauf war die letzte Spur verwischt.*
Am folgenden Abend zeigten Magnetkompassnadeln sehr starke Ausschläge, man beobachtete einen geomagnetischen Sturm. Carrington hatte die Vermutung, dass es zwischen dem auf der Sonne beobachteten Ereignis und dem geomagnetischen Sturm einen Zusammenhang geben könnte. Carrington hat dann seine Vermutungen veröffentlicht. Damit war zum erstenmal gezeigt worden, dass Sonnenausbruche die Erde beeinflussen. Den Zusammenhang zwischen Ereignissen auf der Sonne und der Physik des erdnahen Weltraums nennt man Weltraumwetter oder Space Weather.

Satelliten stürzen ab, Gefahr für Astronauten

Bei einem starken Sonnenausbruch (Flare oder CME; meist treten nach starken Flares CMEs auf) werden elektrisch geladene Teilchen und Strahlung im kurzen Wellenlängenbereich freigesetzt, die die Strahlung der ruhigen ungestörten Sonne um mehr als das Tausendfache übertreffen. Was passiert nun mit einem Satelliten in einer Erdumlaufbahn, wenn er von den Teilchen bzw. der Strahlung von der Sonne getroffen wird. Teile des Satelliten können sich elektrisch aufladen, dadurch entstehen Kurzschlussströme, es kommt zu Computerfehlern, die Kommunikation mit dem Satelliten reißt ab und er wird unkontrollierbar. Auch die Solarzellen, die für die Energieversorgung der Satelliten eingesetzt werden, können beschädigt werden. Durch die kurzwellige solare Strahlung heizt sich die obere Erdatmosphäre verstärkt auf. Infolgedessen dehnt sie sich aus und tieffliegende Satelliten werden verstärkt abgebremst und können so abstürzen. Die hochempfindlichen Detektoren der Satelliten zu astronomischen Beobachtungen bzw. Erdbeobachtungen erleiden ebenfalls einen Schaden bzw. können die gewonnenen Daten vorübergehend unbrauchbar sein. Betreiber von Satelliten haben daher großes Interesse an Spaceweathervorhersagen.
Auch Astronauten sind betroffen. Die verstärkte Strahlung während eines großen Sonnenausbruchs kann sogar lebensbedrohend sein. Im Jahre 1972 kam es zu einem großen Ausbruch auf der Sonne, der gegen 6 Uhr morgens von der Erde aus beobachtet wurde. Etwa 12 Stunden danach wäre die Strahlungsbelastung für einen Astronauten tödlich gewesen, zum Glück fand während dieser Zeit keine bemannte Raummission statt.

6.5 Gefahr für die Erde?

Polarlichter

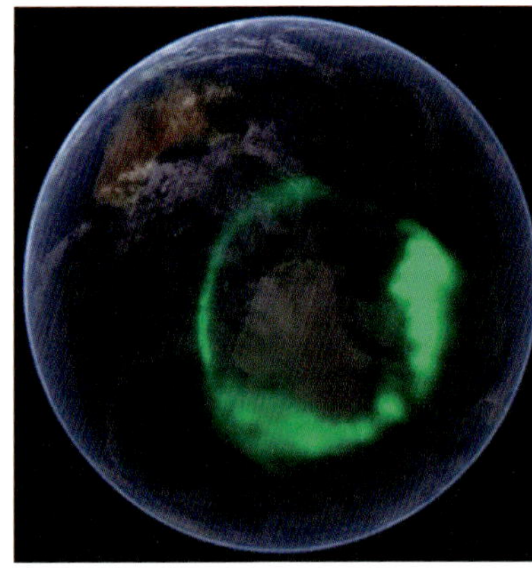

Abb. 84: Polarlichter nahe den magnetischen Polen der Erde sind an und für sich eine harmlose Erscheinung der Sonnenaktivität. Geladene Teilchen von der Sonne dringen in das Erdmagnetfeld ein und verursachen die Leuchterscheinungen.

Eine harmlose Erscheinung sind Polarlichter, die durch von der Sonne kommende Teilchen entstehen die um die magnetischen Pole der Erde herum eindringen können. Durch den starken Sonnenwind wird das Magnetfeld der Erde an der der Sonne zugewandten Seite stark zusammengestaucht und an der Nachtseite der Erde hat man einen über mehr als 100 Erdradien ausgedehnten Schweif. Durch starken Sonnenwind werden an der Schweifseite die magnetischen Feldlinien zusammengedrückt, es kommt – wir kennen das von der Sonne her – zu einer Verschmelzung von Magnetfeldlinien und Teilchen werden in Richtung der magnetischen Pole der Erde beschleunigt. Die magnetischen Pole der Erde fallen nicht zusammen mit den Polen der Rotationachse der Erde. Außerdem befindet sich der magnetische Nordpol nahe dem Südpol der Erde und umgekehrt. Das Magnetfeld bietet also einen Schutz gegen die energiereichen Teilchen der Sonne. Polarlichter sieht man normalerweise nur in Breiten größer als 60 Grad Nord oder größer als 60 Grad Süd.

Stromausfälle

Am 13. März 1989 kam es in der kanadischen Provinz Quebec zu einem Zusammenbruch des Stromnetzes. Es dauerte neun Stunden ehe der Normalbetrieb wieder hergestellt war. Was war die Ursache für dieses Blackout? Es gab einen sehr starken geomagnetischen Sturm, hervorgerufen durch die starke Sonnenaktivität. Dadurch entstanden Ströme in der Atmosphäre, die sich auf die Stromleitungen übertrugen. So kam es zu Überspannungen und zahlreiche Transformatoren brannten durch. Ereignisse auf der Sonne können also auch für uns auf der Erdoberfläche gefährlich werden. Man kann natürlich spekulieren ob ein derartig starker Sonnenausbruch möglich wäre, dass noch viel größere Bereiche auf der Erde Stromnetzzusammenbrüche erleben könn-

ten. Ein Problem unserer hochtechnisierten Gesellschaft ist die allgemeine Vernetzung. Ereignisse in Finnland können dadurch auch für uns in Mitteleuropa von Bedeutung sein. Der Einfluss der Sonne wird besonders in höheren Breiten der Erde spürbar. Stromausfälle führen natürlich zu weiteren Konsequenzen. Die Wasseraufbereitung funktioniert nicht, Satelliten-GPS und Funkverkehr bricht zusammen, die Versorgung mit Nahrungsmitteln ist gefährdet, es gibt praktisch kaum Heizwärme bzw. Energie zur Kühlung.
Nicht nur Stromversorgungsnetze sind von den Strömen in der Erdatmosphäre betroffen, auch Erdölpipelines. Diese können an den Nahtstellen durch Ströme verstärkt korrodieren. Bei einem Super Sonnensturm könnte es unter Umständen Jahre dauern, bis wieder alles normal funktioniert.

Sonne und Funkverkehr

Die höchste Schicht der Erdatmosphäre heißt Ionosphäre. Dort finden sich hauptsächlich Ionen also Atome, die eines oder mehrere Elektronen abgegeben haben. Damit ein Atom eines seiner Elektronen verliert, muss natürlich Energie einwirken. Diese Energie kommt von der Sonne! Die kurzwellige Strahlung der Sonne (UV und Röntgenstrahlung) bewirkt, dass in der Ionosphäre, die ab etwa 80 km Höhe beginnt und bei 300 km Höhe in den interplanetaren Raum übergeht, positive

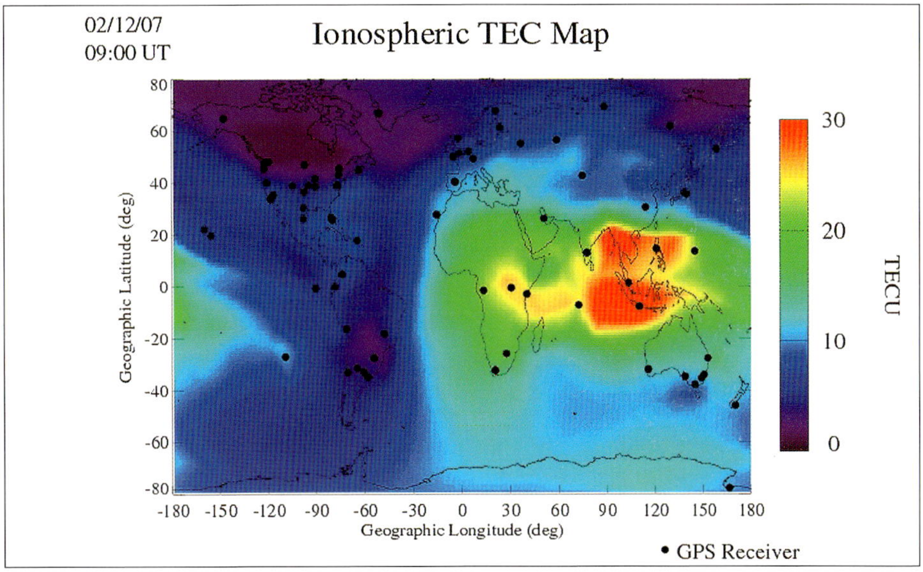

Abb. 85: TEC bedeutet Total Electron Content, also der Elektroneninhalt. Dort wo die Sonne im Zenit steht, ist die Elektronendichte am höchsten (rot), auf der Nachtseite am geringsten. Die schwarzen Punkte kennzeichnen die Positionen von GPS Satelliten. NASA/JPL

Atome und negative Elektronen überwiegen, also ein Plasmazustand erreicht wird. Zunächst trifft die einlangende Strahlung nur wenige Atome dann, wenn sie weiter nach unten vordringt, wird die Dichte der Atome größer. Gleichzeitig nimmt aber auch die Rekombination zu, d.h. die freien Elektronen vereinigen sich wieder mit den Ionen. Es bildet sich also ein Gleichgewicht. Für den Funkverkehr ist die Ionosphäre wichtig, weil Funkwellen in verschiedenen Schichten je nach Elektroneninhalt reflektiert werden. Der Zustand der Ionosphäre, also der Elektroneninhalt, ändert sich natürlich: es gibt einen Unterschied zwischen Tag und Nacht. Wenn die Sonne nicht scheint, dann nimmt die Elektronendichte und die Ionisation ab. Funkwellen werden in den Schichten der Ionosphäre reflektiert.

Es gibt eine Grenzfrequenz die abhängig ist von der Elektronendichte. Je höher die Elektronendichte desto höher die Grenzfrequenz. Eine höhere reflektierte Frequenz bedeutet eine kleinere Wellenlänge. Deshalb kann man nach Sonnenuntergang auf Langwelle wesentlich mehr Radioprogramme empfangen, als während des Tages. Bei starker Sonnenaktivität verschiebt sich jedoch diese Grenzfrequenz, da die Ionisation und damit die Elektronendichte zunehmen. Dadurch kommt es zu Funkausfällen, GPS Signale werden ebenso gestört und die Navigation wird ungenauer.

Bei starker Sonnenaktivität kommt es also z.B. für Piloten eines Flugzeuges zu folgenden Problemen: Navigation wird ungenauer da GPS Signale gestört werden, bzw. Magnetkompassnadeln schwanken; Funkverkehr kann unterbrochen werden, die Crew und die Passagiere sind einer verstärkten Strahlungsbelastung ausgesetzt. Während eines unter normaler Sonnenaktivität stattfindenden Transatlantikfluges ist man einer Strahlungsbelastung ausgesetzt, die etwa der eines Zahnröntgens entspricht.

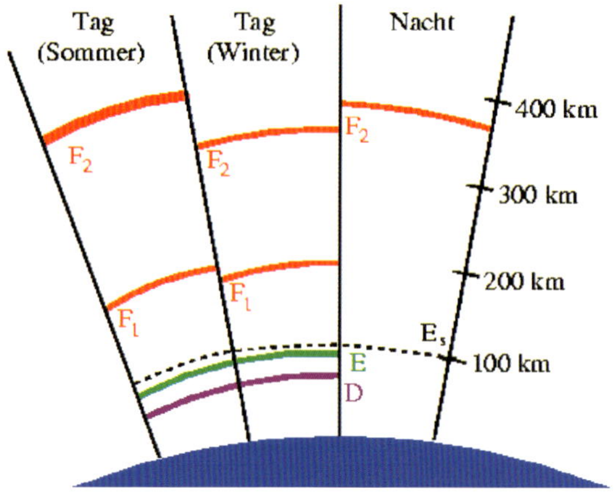

Abb. 86: Die verschiedenen Schichten der Ionosphäre. Während der Nacht verschwinden die unteren Schichten vollständig und die Reflexion der Funkwellen geschieht in höheren Schichten.

6.6 Beeinflusst die Sonnenaktivität unser Klima?

Die Kleine Eiszeit

Sonnenflecken werden seit Galilei, 1610, beobachtet. Sehen wir uns die Sonnenaktivität in der Vergangenheit an. Es gab eine auffallend lange Periode von 1645 bis 1715, in der praktisch keine Flecken zu sehen waren. Nach dem Entdecker dieses Phänomens, Maunder (1851-1928), wird diese Zeit als Maunder Minimum bezeichnet. Für uns besonders interessant ist Folgendes: das Maunder Minimum, als es keine Sonnenflecken gab, fällt zusammen mit dem Höhepunkt der sogenannten Kleinen Eiszeit. Damals war es in Europa aber auch in Nordamerika ungewöhnlich kühl. Die Themse ist mehrmals zugefroren, es gab kühle verregnete Sommer und große Ernteausfälle. Die Ostsee fror mindestens zweimal zu. Und in den Alpen drangen die Gletscher weit vor und zerstörten zahlreiche Siedlungen. Man konnte 1780 den Hafen von New York ohne Problem zu Fuß überqueren und die großen Seen Nordamerikas hatten bis zum Juni hin Eis. Die kleine Eiszeit dauert insgesamt länger, nämlich von Beginn des 15. Jh. bis zum 19. Jh. Vor der kleinen Eiszeit, in der übrigens auch Klimaschwankungen auftraten, gab es das mittelalterliche Optimum, welches 800/900 und 1200/1300 war. Zu diesen Warmzeiten gingen die Gletscher deutlich zurück, im nördlichen Atlantik gab es Packeis nur in sehr hohen Breiten und die Wikinger besiedelten Island (um 870) und Grönland (um 980). Die globale Erdtemperatur lag 1-2 Grad höher als während der kleinen Eiszeit. Viele Maler der damaligen Zeit malten Bilder mit zugefrorenen Seen und tief verschneiten Winterlandschaften (Pieter Brueghels, Hendrick Avercamps). Vivaldi beschreibt Schlittschuhlaufen in der Lagune von Venedig. Das wäre heute undenkbar.

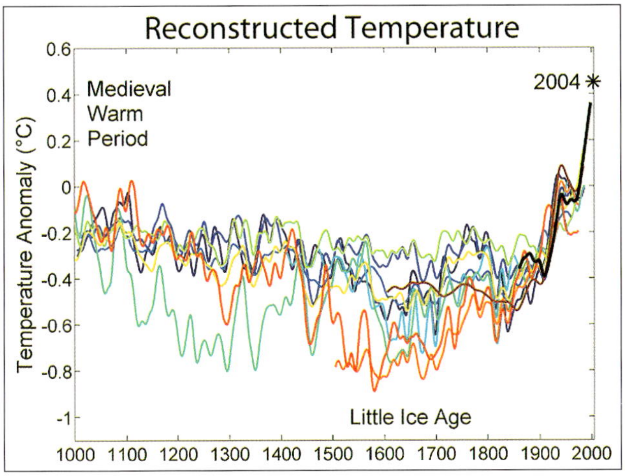

Abb. 87: Globale Temperatur der Erde nach verschiedenen Autoren. Man erkennt deutlich die kleine Eiszeit. Nach Rhode, Global Warming Art Project.

Sonne und Wetter

Kann es sein, dass es wenn die Sonne weniger Energie zu uns sendet, der Erde kühler wird? Kurzfristige Auswirkungen der Sonnenaktivität auf unser Wetter, soferne es diese überhaupt gibt, kann man sicher nicht von anderen Effekten unterscheiden. Die gesamte Sonnenstrahlung die wir auf der Erde empfangen, ist nur im Promillebereich variabel, wenn es sehr viele Sonnenflecken gibt bzw. sich die Sonne im Maximum ihrer Aktivität befindet. Allerdings ist die Sonne nicht auf allen Wellenlängen gleich stark veränderlich. Im Röntgenbereich und extremen UV Bereich ist sie wesentlich stärker veränderlich als im sichtbaren Bereich. Bei einem Flareausbruch wird das 1000-fache der normalen Röntgenstrahlung freigesetzt. Dies wirkt sich, wie schon besprochen, vor allem in der hohen Erdatmosphäre aus (Ionosphäre). Zwar dürften die geringfügigen Änderungen der Sonneneinstrahlung nicht ausreichen (im Promillebereich), aber wenn die Sonnenaktivität tatsächlich ausfällt, dann fehlt im Planetensystem ein wichtiger Schutz, die Heliosphäre. Diese wird gebildet von den Sonnenwindteilchen und erstreckt sich über das gesamte Planetensystem. Ankommende Teilchen

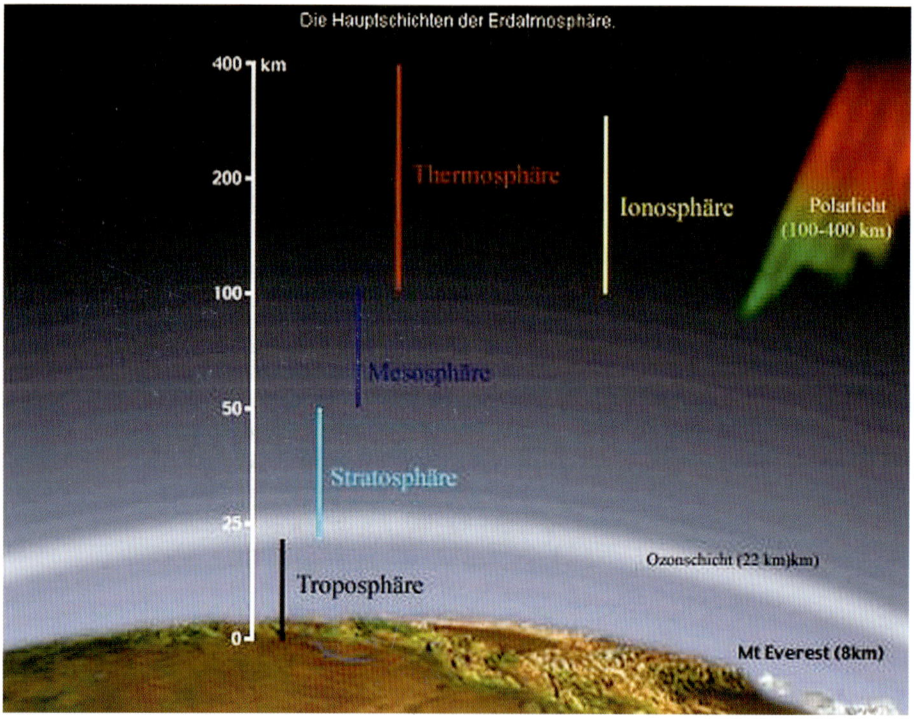

Abb. 88: Die Schichten der Erdatmosphäre. Die Sonnenstrahlung reicht in verschieden tiefe Schichten. Die UV Strahlung wird großteils in der Ozonschichte absorbiert, die sichtbare Strahlung erreicht den Erdboden, die Röntgenstrahlung wird in noch höheren Schichten absorbiert (Mesosphäre, Ionosphäre)

der kosmischen Strahlung werden weitgehend abgelenkt. Man hat herausgefunden, dass diese Teilchen die Wolkenbildung auf der Erde anregen könnten. Fällt also der Schutz durch die Heliosphäre aus oder wird abgeschwächt, dann gelangen verstärkt Teilchen dieser Strahlung durch und regen die Wolkenbildung auf der Erde an. Hohe Sonnenaktivität dagegen bedeutet, es kommen weniger Teilchen durch die starke Heliosphäre.

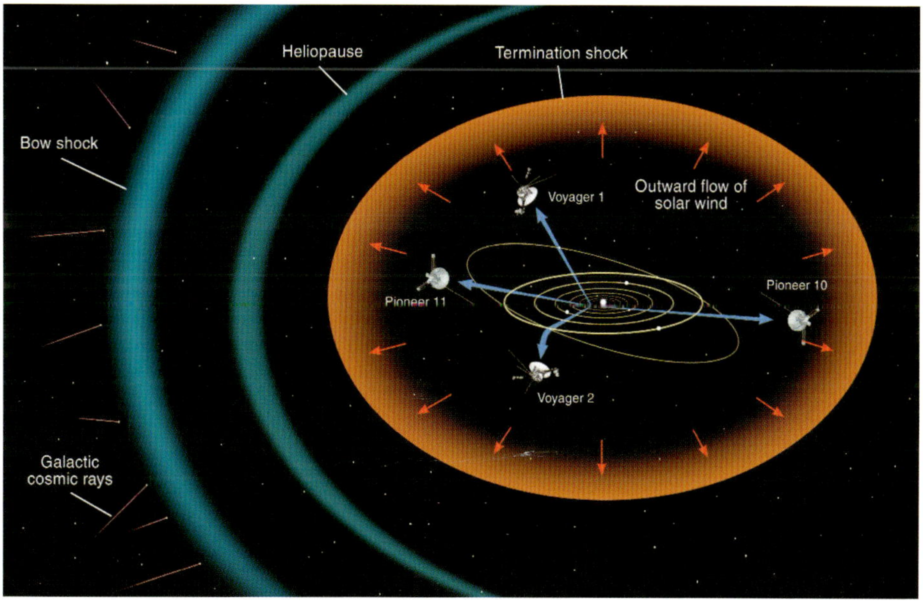

Abb. 89: Die Heliosphäre kennzeichnet den Bereich, wo der Druck durch den Sonnenwind und das Magnetfeld der Sonne gegenüber dem Umgebungsdruck dominieren. Die Heliosphäre, deren Stärke mit der Sonnenaktivität veränderlich ist, umfasst das gesamte Planetensystem. Die beiden Voyager Raumsonden, die 1977 gestartet wurden und die Riesenplaneten erforschten, verlassen gegenwärtig langsam den Einflussbereich der Heliosphäre.

Die Heliosphäre schützt uns vor energiereichen Teilchen der kosmischen Strahlung. Bei starker Sonnenaktivität kommen kaum Teilchen durch, bei schwächerer Sonnenaktivität hingegen mehr. Diese Teilchen dringen in die Erdatmosphäre ein und verursachen weitere Teilchen. Außerdem werden Isotope gebildet, wie Kohlenstoff 14. Ein Neutron reagiert mit Stickstoff 14 und es bildet sich ein Kohlenstoff 14 Kern sowie ein Proton. Je schwächer die Sonnenaktivität, desto mehr C^{14} wird gebildet und umgekehrt. Dieses Isotop ist nicht stabil, sondern zerfällt mit einer Halbwertszeit von 5730 Jahren. Es gibt Theorien wonach die Teilchen der kosmischen Strahlung als Kondensationskeime für Wolken wirken könnten.

Kapitel 7.
Einschläge von Asteroiden und Kometen

Der Komet kommt... immer wieder hat man Angst gehabt vor Einschlägen von größeren Himmelskörpern wie Kometen oder kleinen Planeten, Asteroiden. Was sind diese Objekte überhaupt und wie groß ist die Wahrscheinlichkeit eines Einschlages bzw. was wären die Konsequenzen einer solchen Katastrophe?

7.1 Asteroiden

Die Kleinen Planeten werden auch als Asteroiden bezeichnet. Der Name Asteroid bedeutet kleines Sternchen. Manchmal spricht man auch von Planetoiden.

Eine Lücke im Planetensystem
Von der Sonne aus gesehen ist Merkur der nächste Planet, dann folgen Venus, Erde, Mars, Jupiter, Saturn, Uranus und Neptun. Die Abstände der Planeten von der Sonne gehorchen annähernd einer einfachen mathematischen Beziehung (Titius Bode Gesetz). Die große Halbachse der Planetenbahn a ist gegeben durch $0{,}4 + 0{,}3 \times 2^n$. Dabei ist n minus unendlich für Merkur, 0 für Venus, 1 für Erde usw. So bekommt man in guter Näherung die Planetenabstände von der Sonne in Astronomischen Einheiten. Eine Astronomische Einheit ist die mittlere Entfernung Erde-Sonne (150 Millionen km). Setzt man für Merkur minus unendlich ein, dann beträgt a=0,4, für die Erde (n=1) kommt dann a=1 heraus, für Mars (n=2) a=1,6. Dabei fällt aber auf, dass man für Jupiter den Wert n=4 einsetzen muss (a=5,2). Setzt man den Wert n=3 ein, dann wird a=2,8. Bei dieser Entfernung von der Sonne findet man aber keinen großen Planeten. Ist das Zufall? Man kann diese Gesetzmäßigkeit erklären. Die Umlaufsdauern der Planeten befinden sich in nahezu ganzzahligen Verhältnissen zueinander. Beispiel Erde Mars: wenn die Erde 1,88 mal um die Sonne läuft, beendet Mars gerade 1 Sonnenumlauf (also in etwa eine 1 zu 2 Resonanz). Oder während Saturn zweimal um die Sonne läuft, bewegt sich Jupiter fünfmal um sie (2:5 Resonanz).
Aus diesen Überlegungen sieht man: zwischen den Planeten Mars und Jupiter klafft eine Lücke.
Man suchte daher nach Planeten in diesem Abstandsbereich. In Deutschland wurde sogar eine „Himmelspolizei" gegründet. Der Himmel wurde genau untersucht. Doch erst in der Neujahrsnacht des Jahres 1801 ent-

deckte der Astronom Piazzi in Palermo im Sternbild Stier einen schwachen Stern, der sich innerhalb weniger Stunden bewegte und in keiner Karte eingezeichnet war. Danach erkrankte Piazzi und es gab keine weiteren Beobachtungen. Der Deutsche Mathematiker Gauss erfuhr von diesen Beobachtungen. Gauss hatte eine Methode, um aus mindestens drei bekannten Positionsmessungen eines sich am Himmel bewegenden Objektes dessen Bahn zu bestimmen. Gauss verwendete die Beobachtungen Piazzis und berechnete die Position des Objektes und tatsächlich konnte man den sich bewegenden Stern am 31. Dezember 1801 wiederfinden (H. Olbers). Das Objekt erhielt den Namen Ceres. Da es relativ schwach leuchtet, aber sich zwischen den Bahnen des Mars und Jupiter befindet, musste es wesentlich kleiner als die bekannten Planeten sein. Im Jahre 1802 entdeckte Olbers das Objekt Pallas und 1803 wurden noch Vesta und 1807 Juno gefunden. Im Jahre 1845 fand man dann Astraea. Im Jahre 1846 wurde der äußerste Planet des Sonnensystems, Neptun, gefunden, der ebenso nur im Teleskop sichtbar ist. Zur damaligen Zeit zählte man alle Objekte als Planeten. Im Jahre 1846 gab es also dreizehn Planeten im Sonnensystem. Doch schon 1847 fand man weitere Objekte. Es war klar, dass die kleinen Himmelskörper zwischen Mars und Jupiter sich von den großen Planeten unterscheiden und ab diesem Zeitpunkt wurden sie als Kleinplaneten oder Asteroiden bezeichnet.

Wie viele Asteroiden gibt es tatsächlich?

Die Zahl der entdeckten Kleinplaneten explodierte mit der Einführung der Fotografie (nach 1890). Man entdeckte diese Objekte sehr leicht indem Aufnahmen verglichen wurden, die zu zwei unterschiedlichen Zeitpunkten gemacht wurden (z.B. im Abstand von einem Tag). Die Position der Sterne auf diesen Aufnahmen ist fix, aber ein Asteroid hat sich deutlich weiterbewegt.

Heute werden diese Objekte mittels CCD Kameras automatisch gesucht und die Beobachtungen am Computer ausgewertet.

Schon vor den Raumfahrtmissionen zu einzelnen Asteroiden war klar, dass nur wenige Objekte größer als 100 km sind. Bisher sind weit mehr als 500 000 Asteroiden bekannt. Davon besitzt etwa die Hälfte eine definitive Nummer.

Abb. 90: Kleinplanet Mr Spok bewegt sich vor einer Galaxie vorbei.

Im Jahre 1991 flog die erste Raumsonde an dem Asteroiden Gaspra und Ida vorbei. Es war die Sonde Galileo, die als Ziel den Planeten Jupiter hatte. Die Raumsonde flog am 29. Oktober 1991 in einer Distanz von nur 1600 km mit einer Geschwindigkeit von 8 km/s an Gaspra vorbei und sendete 57 Bilder zur Erde. Auf den besten Aufnahmen kann man Details bis 54 m Größe erkennen. Die japanische Sonde Hayabusa erreichte 2005 den Asteroiden Itokawa und entnahm Gesteinsproben. Im Juni 2009 landete eine Kapsel mit diesen Proben in Australien.

Abb. 91: Der Asteroid Gaspra. Der Asteroid ist wie ein Rotationsellipsoid geformt mit den Dimensionen 18 x 10 x 9 km. Seine große Bahnhalbachse beträgt 2,2 AE. Foto: NASA

Abb. 92: Asteroid Itokawa. Man beachte die losen Gesteinsbrocken auf seiner Oberfläche. Foto: JAXA

Der Asteroid Itokawa besitzt eine mit losen Gesteinsbrocken übersäte Oberfläche. Seine Oberfläche wirkt wie durchgerüttelt. Sie ist also Veränderungen unterworfen. Wodurch diese Veränderungen hervorgerufen werden ist unklar, aber man hat dafür zwei Erklärungen: entweder durch Störungen mit der Erde oder durch Zusammenstöße mit anderen Asteroiden in nicht allzu ferner Vergangenheit. Itokawa ist 535x294x209m. Möglicherweise ist er auch durch Verschmelzung von zwei kleineren Asteroiden entstanden. Der Asteroid zählt zur Gruppe der erdbahnkreuzenden Asteroiden. In Sonnennähe (Perihel) beträgt seine Entfernung zur Sonne nur 0.95 AE, also weniger als die der Erde (1,0 AE), in Sonnenferne ist er aber 1,69 AE von ihr entfernt (weiter als der Mars).

Die Bahnen der Asteroiden

Etwa 90% aller Asteroiden befinden sich auf Bahnen zwischen Mars und Jupiter. Dieser Bereich wird auch als Asteroiden Hauptgürtel bezeichnet. Die kleineren Asteroiden sind durch Kollisionen zwischen größeren entstanden. Es gibt auch Asteroiden außerhalb des Hauptgürtels. Die Gruppe der Zentauren befindet sich zwischen den Bahnen des Jupiter und Neptun. Das erste Objekt, das man hier fand, war (2060) Chiron.

Jenseits der Neptunbahn gibt es den Kuipergürtel. Wahrscheinlich ist auch Pluto ein Objekt dieser Klasse. Die Gruppe der Trojaner Asteroiden bildet mit Jupiter und Sonne ein gleichseitiges Dreieck und befindet sich genau auf der Jupiterumlaufbahn. Das sind stabile Punkte, die sogenannten Lagrange Punkte, wo sich die Schwerkräfte von Sonne und Jupiter aufheben. Einige Objekte bewegen sich auf stark exzentrischen Bahnen. Das Objekt (90377) Sedna kann sich bis zum 900 fachen der Entfernung Erde-Sonne von der Sonne entfernen.

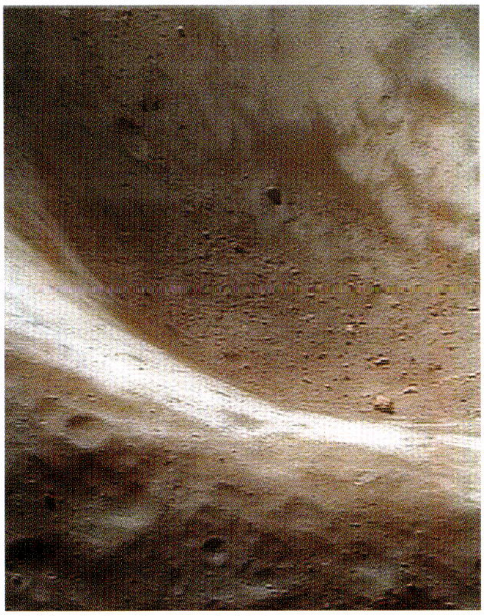

Abb. 93: Asteroid Eros. Aufnahme: NASA

Erdnahe Asteroiden

Für uns besonders interessant sind die erdnahen Asteroiden. Asteroiden vom Typ Amor kreuzen die Marsbahn in Richtung Erde, aber nicht die Erdbahn. Zu diesen Objekten gehört der Asteroid (433) Eros. Er kann sich der Erdbahn bis auf 0,15 AE nähern, das sind aber immerhin noch 22,5 Millionen km oder die 60 fache Mondentfernung. Eros wurde 2000/2001 von der US-Sonde NEAR-SHOEMAKER umkreist. Die Oberfläche erscheint unterschiedlich verwittert. Die Verwitterung findet durch den Sonnenwind und den Einschlag von Mikrometeoriten statt. Die Raumsonde landete erfolgreich weich auf der Oberfläche von Eros. Mit Hilfe eines Gammastrahlenspektrometers wurde die Zusammensetzung ermittelt.

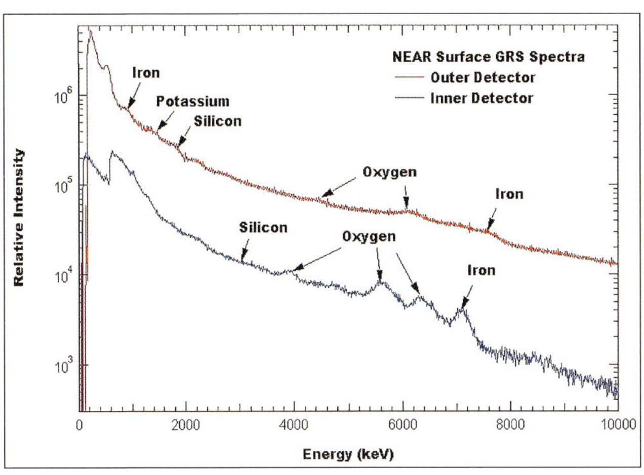

Abb. 94: Daten des Gammastrahlenspektrometers zur Untersuchung der Zusammensetzung der Oberfläche von Eros. Quelle: NASA

Trifft solare, Röntgenstrahlung auf die Oberfläche eines Asteroiden, dann entsteht Fluoreszenzleuchten, meist auch in Form von Röntgenstrahlung. Dieses Leuchten kann man besonders bei Elementen wie Mg, Al, Si messen. Kosmische Strahlung verursachte auch Röntgen bzw. Gammastrahlenfluoreszenzleuchten. Fluoreszenz bezeichnet das Leuchten eines Stoffes der durch (meist kurzwelligere) Strahlung angeregt wurde.
Die Apollo Asteroiden haben eine große Bahnhalbachse von mehr als 1 AE. Einige können bei Sonnennähe ihrer teils stark exzentrischen Bahn sogar die Venus-Umlaufbahn erreichen. Asteroiden vom Typ Aten besitzen eine Bahnhalbachse von meist unter 1 AE. Ihr sonnenfernster Punkt liegt außerhalb der Erdbahn.

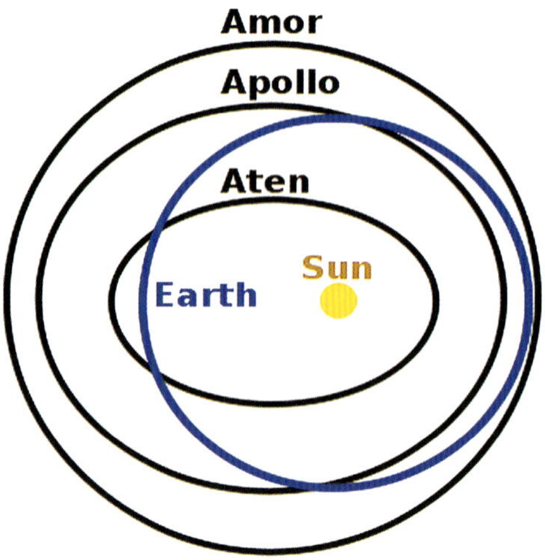

Abb. 95: Bahnen einiger erdnaher Asteroiden. Die Erdbahn ist nahezu kreisförmig.

Bedrohungen für die Erde? Weltuntergang 2029?

In der Vergangenheit gab es immer wieder Begegnungen der Erde mit Asteroiden:
Am 18. März 2004 passierte um 23.08 MEZ der Asteroid 2004FH die Erde über dem südlichen Atlantik in einem Abstand von nur 43 000 km. Das Objekt hatte einen Durchmesser von 30 m. Am 6. November 2009 näherte sich das Objekt 2009 VA der Erde bis auf 2 Erdradien. Dieser Asteroid besitzt einen Durchmesser von etwa 7m und wurde erst 15 Stunden vor seiner größten Erdannäherung entdeckt. Am 13. April 2029 wird der 270 m große Asteroid (99942)

Apophis der Erde bis auf etwa 30 000 km nahekommen. Laut Statistik kommt ein solches Ereignis für einen derart großen Körper nur alle 1300 Jahre vor. Der sonnennächste Punkt von Apophis liegt bei 0,74 AE, der sonnenfernste Punkt bei 1,09 AE. Die nächste Begegnung mit der Erde findet ausgerechnet an einem Freitag, dem 13. April 2029 statt. Die Bahn ist noch nicht genau bestimmt, und es gibt auch Rechnungen wonach sich Apophis bis auf 6000 km der Erde nähern könnte. Die Wahrscheinlichkeit eines Einschlags auf der Erde beträgt 0,0007 Prozent, aber dies könnte sich durch genauere Beobachtungen ändern.

Abb. 96: Möglicher Einschlagbereich von Apophis nach NASA Berechnungen.

Die ersten Berechnungen der NASA vom 23. Dezember 2004 schockierten die Weltöffentlichkeit. Man ermittelte eine Einschlagwahrscheinlichkeit von 1 zu 300. Damals gab es 64 Beobachtungen. Je mehr Beobachtungen, desto genauer lässt sich die Bahn bestimmen. Die größte Einschlagwahrscheinlichkeit wurde am 27. Dezember 2004 herausgegeben (2,7 Prozent), nach 176 Beobachtungen. Später wurde Apophis auch auf anderen Aufnahmen gefunden und so konnte man seine Bahn besser und genauer angeben.

Es scheint nun ein Zusammenstoß mit der Erde völlig ausgeschlossen. Letzter Stand: am 13. April 2029 wird Apophis in 30 000 km Entfernung die Erde passieren. Dabei wird er mit einer Winkelgeschwindigkeit von 42 Grad pro Stunde im Sternbild Krebs als Objekt 3. Größe mit freiem Auge als schwach leuchtendes Sternchen zu beobachten sein.

Die Passage durch das Sternbild Krebs wird man von Europa aus beobachten können.

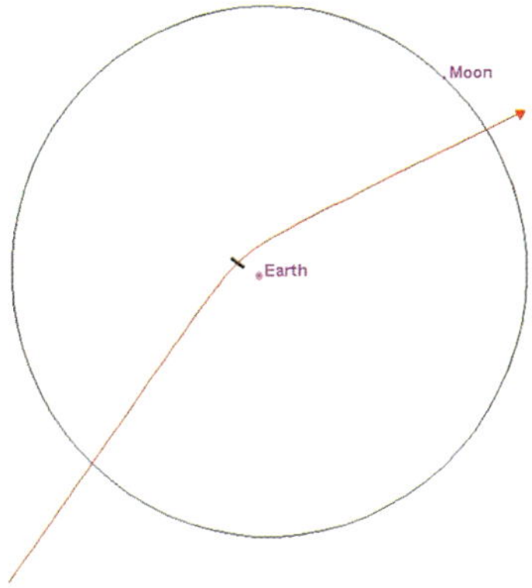

Abb. 97: Vorbeiflug von Apophis am 27. Dezember 2024

7.2 Kometen

Kometen als Unheilsbringer

Kometen galten in früheren Zeiten immer als besondere Himmelserscheinungen und erregen auch heutzutage noch die Aufmerksamkeit der Medien. Die alten Kulturen betrachteten den Sternenhimmel als etwas Göttliches, Unveränderliches. Man kannte den Lauf der Gestirne und war in der Lage auch Planetenstellungen zu berechnen, sogar Sonnen- und Mondfinsternisse wurden vorhergesagt. In vielen Kulturen herrschte auch der Glaube, dass aus bestimmten Stellungen von Planeten die Zukunft und das persönliche Schicksal vorhergesagt werden kann. So hielten sich zahlreiche Herrscher Hofastronomen, die z.B. zukünftige Steuereinnahmen, Kriege, aber auch Ernten aus den Stellungen von Planeten und Sternen vorhersagen mussten. Zwei Astronomen im alten China wurden sogar mit dem Tode bestraft, weil sie eine Sonnenfinsternis nicht vorhersagten.

Kometen tauchen meist plötzlich unerwartet am Himmel auf. Sie sind nicht berechenbar und waren für die damaligen Himmelsbeobachter ein Rätsel. Auch ihre Form, ein diffuser Kopf und langer Schweif waren etwas ungewöhnlich, deshalb wurden sie auch als Kometes, griechisch Haarsterne, bezeichnet. Kometen stellen also eine Unordnung am Himmel dar. Aus diesem Grunde brachte man Kometenerscheinungen mit Revolutionen, Kriegen, Unruhen usw. in Zusammenhang.

Ptolemäus und Aristoteles hielten Kometen für Ausdünstungen der Erdatmosphäre. Tycho Brahe, bei dem später der berühmte Kepler arbeitete, versuchte als erster die Entfernung der Kometen zu bestimmen und er kam zu einem Wert von etwa 200 Erdradien. Das ist natürlich viel zu wenig, aber es war seit damals klar: Kometen sind selbstständige Himmelskörper.

Woher kommen Kometen

Kometen unterteilt man in nicht periodische und periodische Kometen. Die nicht periodischen Kometen befinden sich auf einer Parabel- oder Hyperbelbahn. Periodische Kometen kehren wieder, man unterteilt sie noch in kurzperiodische und langperiodische Kometen (Umlaufsdauer mehr als 200 Jahre). Die langperiodischen Kometen dürften aus der Oort'schen Wolke stammen. Diese Wolke umhüllt das gesamte Sonnensystem. Die kurzperiodischen Kometen stammen aus dem Kuipergürtel.

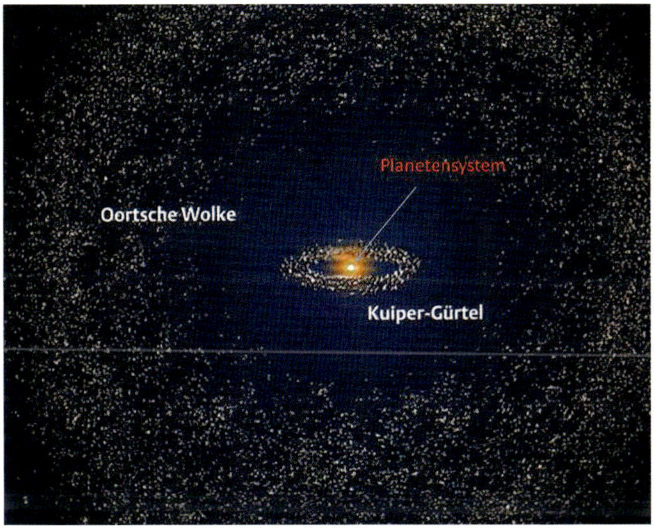

Abb. 98: Die Oort'sche Wolke umhüllt das gesamte Planetensystem. Die Teilchen bilden eine kugelförmige Wolke. Der Kuipergürtel befindet sich am Rand des Planetensystems (also außerhalb der Neptunbahn) und die Teilchen sind wie die Planeten in einer Scheibe.

Der Halley'sche Komet

Es gibt Kometen die wiederkehren. Am bekanntesten ist der Halley'sche Komet. Er gehört zur Gruppe der periodischen Kometen und ist etwa alle 76 Jahre am Himmel, meist als sehr helles Objekt, sichtbar. Die letzte Erscheinung war im Jahre 1986, seine nächste Wiederkehr erwartet man im Jahre 2061. Der Halley'sche Komet war erstmals um 240 v. Chr. beobachtet worden. Sehr bekannt ist die Darstellung des Kometen auf dem Teppich von Bayeux (um 1070). Der Komet wurde sogar als Stern von Bethlehem dargestellt (Giotto, 1266-1367). Zu dieser Darstellung dürfte der Maler Giotto durch seine eigene Beobachtung des Kometen im Jahre 1301 veranlasst worden sein.

Abb. 99: Alte Darstellung des Halley'schen Kometen.

Halley bewegt sich auf einer stark exzentrische Bahn. Der sonnennächste Punkt liegt bei 0,58 AE, der sonnenfernste Punkt bei 35 AE. Durch die Beeinflussung seiner Bahn durch den größten Planeten des Sonnensystems Jupiter schwankt seine Umlaufdauer um die Sonne zwischen 75 und 77 Jahren. Im

Jahre 1910 ging die Erde bei der letzten Annäherung des Kometen Halley durch seinen Schweif. Dies versetzte die Menschen in Panik, es wurde sogar das Giftgas Dicyan nachgewiesen.

Weshalb sind Kometen für die Forschung interessant?

Kometen bestehen aus Material, das sich seit der Bildung des Sonnensystems nicht mehr verändert hat. Im Wesentlichen sind sie schmutzige Schneebälle: zwischen gefrorenen Gasen findet man Staub und Felsbrocken. Aus der Untersuchung der Kometen erhofft man sich Aufschlüsse über die physikalischen Zustände der Planetesimale, das sind Kleinkörper, aus denen sich die größeren Planeten entwickelten. Kometen bestehen aus einem Kern, einer Koma und einem sehr langgestreckten Schweif. Der Kern eines Kometen besitzt eine Ausdehnung von einigen 10 km. Bei Annäherung an die Sonne beginnen die gefrorenen Gase zu verdampfen und es bildet sich die gasförmige Koma um den Kern herum (etwa 10 000 km im Durchmesser). Durch den Strahlungsdruck und die Teilchen des Sonnenwindes werden die Teilchen im Schweif von der Sonne weg gedrückt. Kometenschweife zeigen also stets in entgegengesetzter Richtung zur Sonne.

Abb. 100: Aufnahme des Kometen Hale Bop, 1997. Man erkennt den Staubschweif und den etwas bläulich leuchtenden Plasmaschweif.

Durch das verdampfende Material verlieren Kometen an Masse. Für Halley beträgt dieser Massenverlust bis zu 50 Tonnen pro Sekunde. Während der letzten Sonnenannäherung 1986 betrug der Massenverlust etwa 2,5 Promille der Gesamtmasse. Kometenschweife können Längen von mehreren Millionen km erreichen. Neben Halley gab es sehr spektakuläre Kometenerscheinungen. Im Jahre 1997 konnte man den Kometen Hale-Bop am Abendhimmel bewundern.

Welchen Namen erhalten Kometen?

Es gibt für die Bezeichnung der Kometen folgende Regel: ein lateinische Großbuchstabe beginnend mit A und dem Jahr der Entdeckung. Diese Bezeichnung ändert sich in einem Halbmonatsrhythmus. Der

Komet 2011 A 1 ist der erste (1) im Jahr 2011 entdeckte Komet in der ersten Januarhälfte (durch Buchstaben A bezeichnet), der zweitentdeckte bekommt die Bezeichnung 2011 A2. Der Komet 2011 B1 ist der erstentdeckte Komet in der zweiten Januarhälfte.
P steht für wiederkehrende Kometen C für langperiodische Objekte. Der Komet Hyakutake hat die Bezeichnung C/1996 B2. Etwa 43 % aller bekannten Kometen haben Parabelbahnen, 25% langgezogene Ellipsen mit Umlaufsdauern von mehr als 200 Jahren. Kurzperiodische Kometen sind etwa 17% und 15% Hyperbeln. Parabelbahnen gehen wahrscheinlich auf Messfehler oder zu kurze Beobachtungsdaten zurück.

Kometenfamilien

Kometen werden auf ihren Bahnen immer wieder von den Planeten, vorwiegend jedoch von Jupiter und Saturn gestört. Die Jupiterfamilie umfasst etwa 70 Kometen. Diese Kometen haben den sonnenfernsten Punkt ihrer Bahn (Aphel) in der Nähe der Jupiterumlaufbahn (5,2 AE von der Sonne entfernt). Die Umlaufszeiten der Kometen der Jupiterfamilie liegen zwischen 5 und 11 Jahren. Auch andere Planeten besitzen Kometenfamilien, allerdings sind hier weniger Mitglieder bekannt: Saturn besitzt nur 5 Kometen, Uranus 3 und Neptun 9.

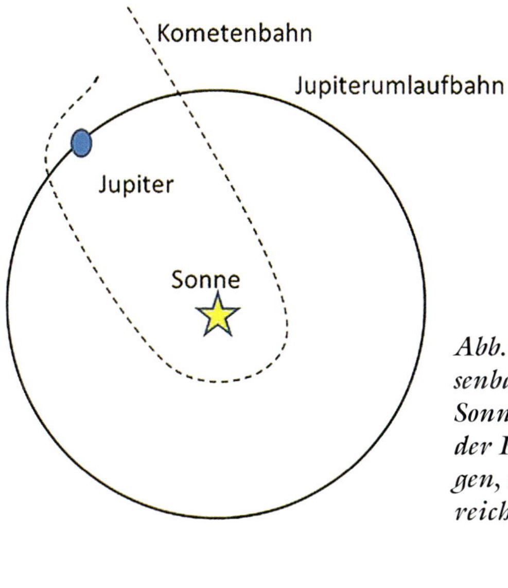

Abb.101: Aus einer langgestreckten Ellipsenbahn wird nach Annäherung an die Sonne durch eine Begegnung mit Jupiter der Komet auf eine Umlaufbahn gezwungen, deren sonnenfernster Punkt im Bereich der Umlaufbahn des Jupiters liegt.

Kometen zerbrechen

Mit jedem Umlauf um die Sonne verlieren Kometen an Masse. Sie lösen sich also praktisch auf. Die Auflösungsprodukte von Kometen kann man bei uns als Meteorschauer sehen. Immer dann, wenn die Erde auf ihrer Bahn um die Sonne eine Wolke mit Kometenresten durchquert, sieht man besonders viele Sternschnuppen. Die bekannten Perseiden können in der Zeit vom 17. Juli bis 24. August jedes Jahr beobachtet werden. Die meisten Sternschnuppen sieht man um den 12. August. Es handelt sich um Auflösungsreste des Kometen Swift Tuttle. Es können um die Zeit des Maximums bis zu 100 Sternschnuppen pro Stunde gezählt werden.

Der Komet Shoemaker-Levy wurde durch die Gezeitenkräfte des Jupiters auseinandergerissen. Am 24. März 1993 wurde er zum erstenmal auf einem Foto des Mt Palomar Observatoriums entdeckt. Solche Kometenentdeckungen mit mittelgroßen Teleskopen sind nichts Besonderes. Aber der Japaner Nakano erkannte, dass der Komet mit dem Planeten Jupiter zusammenstoßen würde. Der ursprünglich etwa 4 km große Kometenkern war in 21 Fragmente zerbrochen. Diese waren in einer Kette aufgereiht als sie sich dem Planeten Jupiter näherten. Zwischen dem 16. und 22. Juli kam es dann tatsächlich zur Kollision mit Jupiter. Das Wort Kollision ist hier nicht ganz richtig, denn Jupiter ist ein Riesenplanet und hat keine feste Oberfläche. Bereits mit relativ kleinen Amateurteleskopen konnte man von der Erde aus das Eintauchen und vor allem die Spuren in Jupiters Atmosphäre beobachten. Die Eintauchgeschwindigkeit betrug 60 km/s. Die dabei freiwerdende Energie entsprach 50 Millionen Hiroshima Bomben! Ein wahrhaft kosmische Katastrophe.

Auf Grund seiner großen Masse wirkt Jupiter wie ein „Staubsauger" im Sonnensystem. Er zieht Kometen an.

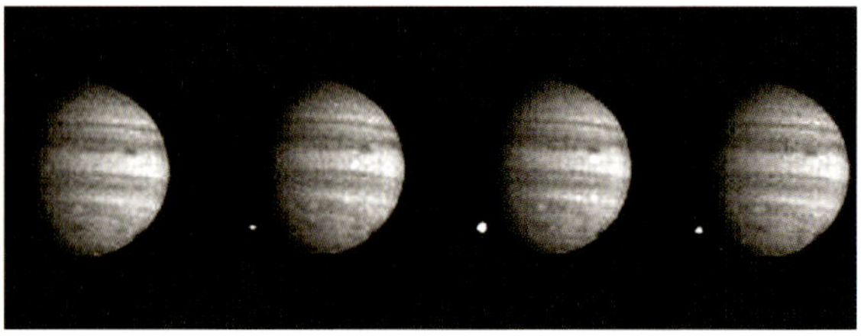

Abb. 103: Ein Fragment des Kometen Shoemaker Levy nähert sich Jupiter. Aufnahme: Raumsonde Galileo, NASA

Abb. 102: Spuren nach dem Einschlag von Shoemaker Levy auf dem Riesenplaneten Jupiter. Die Buchstaben bezeichnen die einzelnen Fragmente. Aufnahme HST/NASA

Deep Impact, ein Komet wird getroffen

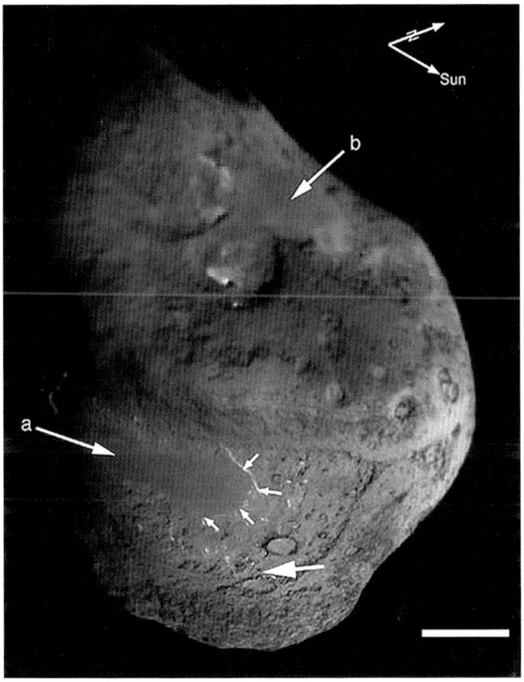

Abb. 104: Die Deep Impact Mission. Die Pfeile bezeichnen die Einschlagstelle des Projektils. NASA

Am 4. Juli 2005 war es soweit. Die US Raumsonde Deep Impact feuerte ein Projektil in Richtung des Kometen Tempel 1. Das Projektil hatte eine Masse von 370 kg. Zahlreiche Sonden und Kameras sollten bis knapp vor dem Aufprall neue Aufschlüsse über den Kometen geben. Die Raumsonde Deep Impact wurde am 12. Januar 2005 gestartet. Nach etwa 6 Monaten Flugzeit wurde Komet Tempel 1 erreicht. Der Einschlag war genau geplant und sollte auch von der Erde mit großen Teleskopen zu beobachten sein.

7.3 Wann kommt der nächste Einschlag?

Statistik ist eine mit Vorsicht zu genießende Disziplin. Tauchen sie mit der linken Hand in Wasser mit 60 Grad Temperatur und mit der rechten in eiskaltes Wasser von 4 Grad, dann ergibt sich eine mittlere Temperatur von angenehmen 32 Grad. Dies ist natürlich nur ironisch gemeint. Kann man überhaupt vorhersagen wann der nächste Einschlag auf der Erde stattfinden wird bzw. welche Auswirkungen dies haben könnte?

Unberechenbare Kometen

Die Bahnen von Asteroiden lassen sich ziemlich genau bestimmen anhand weniger Beobachtungen. Einen Asteroideneinschlag auf der Erde vorherzusagen ist also immer dann möglich, wenn man das Objekt früh genug entdeckt. Die Entdeckungswahrscheinlichkeit hängt mit der Größe des Objektes zusammen. Es gibt von der NASA unterstützte Programme wo man nach PHAs sucht. PHA steht für Potentially

Hazardous Asteroids, also Asteroiden die uns möglicherweise gefährlich nahe kommen oder gar einschlagen. An den Beobachtungen nehmen mehr als tausend Observatorien weltweit teil.
Um die Gefahr eines Einschlags (Impakt) genauer zu beschreiben, wurde die Turiner Skala eingeführt (Torino Impact Scale). Diese geht von 0 bis 10. Wird ein Objekt mit 0 charakterisiert bedeutet es keine Gefahr, Objekte im grünen Bereich sind ebenfalls unbedenklich, im gelben Bereich befindliche Objekte sind zwar prinzipiell ungefährlich sollten aber näher beobachtet werden. Der orange Bereich wird dann interessant. Ab der Stufe 5 ist eine nahe Begegnung wahrscheinlich, es muss entschieden werden, ob es sich bei einem Einschlag um eine globale oder lokale Katastrophe handeln wird. Und ab rot wird es absolut gefährlich. Eine Kollision ist als sicher einzustufen. Kommt es zu einem Einsturz in das Meer, ist die Gefahr eines Tsunami sehr groß. Bei der Stufe 8 rechnet man allerdings „nur“ mit lokalen Auswirkungen. Die Statistik sagt uns: ein solches Ereignis tritt einmal zwischen 50 und 1000 Jahren auf! Bei der Stufe 9 wird es noch gefährlicher. Es sind ganze Regionen betroffen und die Zerstörungen enorm. Man muss mit einem derartigen Ereignis rechnen in einem Zeitraum zwischen 10000 und 100 000 Jahren!. Bei der Stufe 10 kommt es zu einer globalen Klimakatastrophe. Zum Glück sagt die Wahrscheinlichkeit, dass ein solches Ereignis seltener als einmal in 100 000 Jahren zu erwarten ist.

Wie groß muss ein Objekt sein um eine derartige globale Katastrophe hervorzurufen? Man rechnet mit etwa 1,5 km Durchmesser.
Asteroiden sind leichter berechenbar als Kometen, weil Kometen durch Verdampfung ständig an Masse verlieren und dabei ihre Bahn unvorhersehbar ändern. Deshalb könnte es durchaus sein, dass aus einem harmlos weit an der Erde vorbei ziehenden Kometen plötzlich ein Objekt wird, das auf Kollisionskurs mit der Erde ist. Dabei ist die Vorwarnzeit sehr kurz, wenige Wochen oder gar nur Tage!

Tunguska – Besuch von Außerirdischen?
Am 30. August 1908 ereignete sich nahe des ostsibirischen Flusses Tunguska eine seltsame Erscheinung. Reisende der transsibirischen Eisenbahn berichteten von einem hellen Feuerball am Himmel. Bäume wurden in einem Umkreis von 30 km entwurzelt, Fensterscheiben zersprangen noch etwa 60 km von der Einsturzstelle entfernt.
Ein russischer Augenzeuge berichtete Folgendes: „ Der Himmel teilte sich. Über dem Wald erschien eine hohe und breite Feuerwalze. Von

THE TORINO SCALE

Assessing Asteroid/Comet Impact Predictions

No Hazard	0	The likelihood of collision is zero, or is so low as to be effectively zero. Also applies to small objects such as meteors and bolides that burn up in the atmosphere as well as infrequent meteorite falls that rarely cause damage.
Normal	1	A routine discovery in which a pass near the Earth is predicted that poses no unusual level of danger. Current calculations show the chance of collision is extremely unlikely with no cause for public attention or public concern. New telescopic observations very likely will lead to re-assignment to Level 0.
Meriting Attention by Astronomers	2	A discovery, which may become routine with expanded searches, of an object making a somewhat close but not highly unusual pass near the Earth. While meriting attention by astronomers, there is no cause for public attention or public concern as an actual collision is very unlikely. New telescopic observations very likely will lead to re-assignment to Level 0.
	3	A close encounter, meriting attention by astronomers. Current calculations give a 1% or greater chance of collision capable of localized destruction. Most likely, new telescopic observations will lead to re-assignment to Level 0. Attention by the public and by public officials is merited if the encounter is less than a decade away.
	4	A close encounter, meriting attention by astronomers. Current calculations give a 1% or greater chance of collision capable of regional devastation. Most likely, new telescopic observations will lead to re-assignment to Level 0. Attention by the public and by public officials is merited if the encounter is less than a decade away.
Threatening	5	A close encounter posing a serious, but still uncertain threat of regional devastation. Critical attention by astronomers is needed to determine conclusively whether or not a collision will occur. If the encounter is less than a decade away, governmental contingency planning may be warranted.
	6	A close encounter by a large object posing a serious. but still uncertain threat of a global catastrophe. Critical attention by astronomers is needed to determine conclusively whether or not a collision will occur. If the encounter is less than three decades away, governmental contingency planning may be warranted.
	7	A very close encounter by a large object, which if occurring this century, poses an unprecedented but still uncertain threat of a global catastrophe. For such a threat in this century, international contingency planning is warranted, especially to determine urgently and conclusively whether or not a collision will occur.
Certain Collisions	8	A collision is certain, capable of causing localized destruction for an impact over land or possibly a tsunami if close offshore. Such events occur on average between once per 50 years and once per several 1000 years.
	9	A collision is certain, capable of causing unprecedented regional devastation for a land impact or the threat of a major tsunami for an ocean impact. Such events occur on average between once per 10,000 years and once per 100,000 years.
	10	A collision is certain, capable of causing a global climatic catastrophe that may threaten the future of civilization as we know it, whether impacting land or ocean. Such events occur on average once per 100,000 years, or less often.

Abb. 105: Die Turiner Skala nach Binzel.

dort, wo das Feuer loderte, ging eine enorme Hitze aus. Dann verdunkelte sich der Himmel, es war ein heftiger, dumpfer Schlag zu hören, und ich wurde nach hinten geschleudert. Danach ertönte ein Krachen, als würden Kanonen abgefeuert, und die Erde bebte."

Erst 1927 unternahm man eine erste wissenschaftliche Expedition um zu prüfen, was tatsächlich passiert war. Die Sprengkraft, die notwendig wäre, um ein derart großes Gebiet zu verwüsten entspricht 10-15 Megatonnen TNT, das ist in etwa die Sprengkraft der größten je gezündeten Wasserstoffbombe oder mehr als das Tausendfache der Sprengkraft der Hiroshima Bombe.

Abb. 106: Überreste nach dem Einschlag des Tunguska-Objekts

Was war die Ursache? Höchstwahrscheinlich ist ein Komet oder Asteroid geringer Dichte mit einem Durchmesser zwischen 30 und 80 m etwa 5 km oberhalb der Erdatmosphäre explodiert. Man hat keinen eigentlichen Krater gefunden, deshalb ist diese Annahme, dass ein Objekt vor dem Auftreffen auf die Erdoberfläche explodierte, am wahrscheinlichsten. Neben dieser Einschlagtheorie gibt es noch die Überlegung, dass ein Vulkan oder ein extraterrestrisches Raumschiff explodierte. Interessant ist, dass es einige Tage nach diesem Ereignis in Europa ungewöhnliche Leuchterscheinungen am Nachthimmel gab. In London war dieses Leuchten so stark, dass man während der Nacht seine Zeitung lesen konnte. Dies könnte man auch mit dem Austritt von Erdgas erklären, welches sich dann in Tunguska in größere Höhen selbst entzündete.
Am wahrscheinlichsten gilt aber die Hypothese des Einschlags eines kometenartigen Körpers. Vor wenigen Jahren hat man auch einen kreisförmigen See in der Region gefunden, der vielleicht Überrest des Einschlagkraters ist.

Peru 2007

Im September 2007 kam es in Peru bei Carancas zu einem Einschlag. Ein extrem schnelles Objekt mit 10-15 km/s ist in die Erdatmosphäre eingetaucht unter einem sehr flachen Winkel. Durch die Luftreibung ist das Objekt dann auf etwa 700 km/h abgebremst worden und zwei Drittel seiner Masse verglühten vor dem Einschlag. Der Durchmesser des beim Aufschlag entstandenen Kraters beträgt 15 Meter. Über 200 Anrainer klagten über Übelkeit und Kopfschmerzen nach dem Aufschlag. Diese dürften durch frei werdende Schwefel- und Arsenverbin-

dungen hervorgerufen worden sein. Perus Hauptsadt La Paz liegt etwa 70 km von der Stelle entfernt. Die Masse des Meteoriten betrug etwa 2 Tonnen.

Abb. 107: Krater von Peru

Sikhote Alin

Am 12. Februar 1947 drang ein 100 Tonnen schwerer Eisenmeteorit in die Erdatmosphäre ein. Er ließ donnernd eine Rauchspur von mehr als 30 Kilometern Länge hinter sich. Kurz vor dem Aufprall zerplatzte das Objekt und über einer Fläche von einem Quadratkilometer fand man die Bruchstücke verteilt.
Es entstanden 120 Krater, der größte hatte 28 Meter Durchmesser und war 6 Meter tief. Sikhote Aline ist ein Gebirge in Sibirien etwa 500 km von Wladiwostok entfernt.

Barringer Krater

Im US Bundestaat Arizona findet man den Barringer Krater. Der Durchmesser beträgt 1200 m, er ist etwa 180 m tief. Der Meteorit schlug vor etwa 50 000 Jahren ein. Das eingeschlagene Objekt hatte einen Durchmesser von 50 Metern und ein Gewicht von 300 000 Tonnen. Es bestand im Wesentlichen aus Eisen. Im Umkreis von vier Kilometern wurde alles Leben ausgelöscht. Bis in eine Entfernung von 40 km hatte die Schockwelle noch die Stärke eines Hurrikans. Aber es war eine lokal begrenzte Katastrophe und nach etwa 100 Jahren fand man an der Einschlagstelle wieder die normale Flora und Fauna.

Abb. 108: Der vor etwa 50 000 Jahren entstandene Barringer Crater in Arizona.

Eine Liste von Einschlagkratern findet man auf der Webseite:
http://de.wikipedia.org/wiki/Liste_der_Einschlagkrater_der_Erde

Kapitel 8.
Weltuntergang 2012?

Im Jahr 2012 soll wieder einmal die Welt untergehen. Viele dieser Untergangsszenarien stützen sich auf den Mayakalender, der im Dezember 2012 endet. Dies wurde bereits im Kapitel über die Kultur und den Kalender der Maya besprochen. Wie dort erwähnt, finden sich allerdings nirgendwo Hinweise auf einen Weltuntergang zu diesem Datum, der Mayakalender kann natürlich beliebig weit fortgesetzt werden. Außerdem lag für die Maya das Datum Dezember 2012 in weiter Zukunft sodass es für sie logisch war, sich nicht näher damit zu beschäftigen was nach diesem Datum sein könnte.
Das Jahr 2012 ist ein Schaltjahr, es hat also 366 Tage, der Februar ist 29 Tage lang.
In diesem Kapitel betrachten wir einmal das Jahr 2012 rein astronomisch. Gibt es besondere Himmelsereignisse? Könnte uns eine kosmische Katastrophe drohen?

8.1 Die Planeten im Jahre 2012

Am Abendhimmel oder am Morgenhimmel?
Die Sichtbarkeit der Planeten am Himmel hängt von deren Abstand am Himmel von der Sonne ab. Stehen sie östlich von der Sonne, sieht man die Planeten am Abendhimmel, stehen sie westlich von der Sonne sieht man sie am Morgenhimmel. Die Planeten Merkur und Venus bewegen sich innerhalb der Erdbahn, deshalb sieht man sie nur entweder als Morgen- oder als Abendstern, niemals aber die ganze Nacht hindurch. Die besten Sichtbarkeitsbedingungen gibt es für diese Planeten wenn sie in maximaler Entfernung zur Sonne am Himmel stehen (man spricht von maximaler Elongation). Die Planeten deren Bahn außerhalb der Erdbahn liegt (Mars, Jupiter, Saturn, Uranus und Neptun) können zur Zeit ihre Opposition die ganze Nacht hindurch ge-

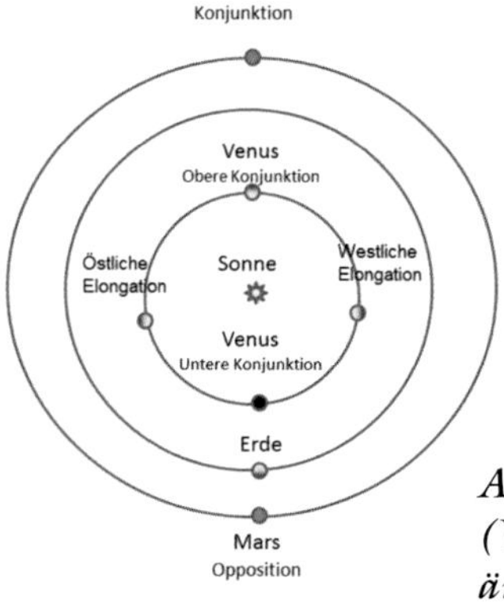

Abb. 109: Die Position eines inneren Planeten (Venus) zur Zeit seiner Elongation und eines äußeren Planeten (Mars)zur Zeit seiner Opposition.

sehen werden. Opposition bedeutet, sie stehen der Sonne gegenüber. Der Planet geht auf wenn die Sonne untergeht und unter wenn die Sonne aufgehet. Dann ist der Planet der Erde am nächsten und auch seine Helligkeit ist am größten.

Sichtbarkeit der Planeten 2012

Merkur, der sonnennächste Planet, ist um den 5. März 2012 herum von geübten Beobachtern als Sternchen in Horizontnähe bei ausreichender Dunkelheit nach Sonnenuntergang im Westen zu sehen. Am 5. Dezember befindet er sich in maximaler westlicher Elongation und kann um diesen Zeitpunkt herum am Morgenhimmel im Osten bei noch genügend dunklem Himmel gefunden werden. Sehr spektakulär ist dieser Planet aber nicht.

Anders dagegen Venus. Sie beginnt das Jahr 2012 als strahlender Abendstern und erreicht am 27.3. ihren größten Abstand von der Sonne. Gegen Mai nähert sie sich aber wieder der Sonne und wird am 6.6. von dieser eingeholt. Danach sieht man sie gegen Anfang Juli als strahlenden Morgenstern bis Jahresende. Mars ist im ersten Jahresdrittel fast die gesamte Nacht zu beobachten. Er ist aber nicht so hell wie Venus oder Jupiter. Am 5.März steht er in Opposition, er erreicht seinen kleinsten Abstand zur Erde, der dann aber immer noch mehr als 100 Millionen km betragen wird.

Jupiter ist der nach Venus zweithellste Planet am Himmel. Er ist wie Venus zu Jahresbeginn sehr gut zu sehen, steht allerdings weiter östlich von ihr. Im März sieht man, wie die sich viel schneller bewegende Venus dem Jupiter nähert. Die größte Annäherung findet am 15. März statt. Gegen Ende April wird Jupiter dann von der Sonne eingeholt und man findet den Riesenplaneten ab August am Morgenhimmel. Am 3. Dezember ist er in Opposition und kann dann die gesamte Nacht hindurch gesehen werden. Jupiter ist somit nach dem Mond das hellste Objekt am Nachthimmel.

Saturn steht im Sternbild Jungfrau und befindet sich am 15. April in Opposition. Ebenso wie Mars fällt er aber nur erfahrenen Beobachtern auf, da er nicht wesentlich heller als die hellsten Sterne erscheint. Ab Sommer befindet er sich zu nahe bei der Sonne und kann erst gegen Jahresende wieder am Morgenhimmel aufgesucht werden.

Uranus steht am 29. September in Opposition, Neptun steht am 24. August in Opposition.

Von den Planetenstellungen gibt es daher nichts Ungewöhnliches im Jahre 2012.

8.2 Finsternisse

Wann gibt es eine Finsternis?

Finsternisse haben seit jeher die Menschen zu Phantasien angeregt. Sie hängen vom Lauf des Mondes ab. Eine Sonnenfinsternis gibt es nur wenn der Mond genau zwischen der Sonne und der Erde steht. Das ist bei der Phase Neumond. Mondfinsternisse entstehen, wenn der Mond in den Schatten der Erde gerät. Dazu muss er der Sonne genau gegenüberstehen, sich also die Erde genau zwischen Sonne und Mond befinden. Deshalb treten Mondfinsternisse nur bei Vollmond auf. Der Schatten des Mondes auf der Erde während einer Sonnenfinsternis ist relativ klein. Eine totale Sonnenfinsternis sieht man nur in einem etwa 200 km breiten Streifen. Eine totale Mondfinsternis dagegen kann von allen Teilen der Erde beobachtet werden, wo der Mond gerade über dem Horizont steht. Deshalb sieht man für einen bestimmten Ort der Erde wesentlich häufiger Mondfinsternisse als Sonnenfinsternisse. Weshalb kommt es aber nicht bei jedem Neumond zu einer Sonnenfinsternis bzw. bei jedem Vollmond zu einer Mondfinsternis? Die Bahn des Mondes um die Erde ist zur Erdbahnebene um etwa 5 Grad geneigt. Zu einer Finsternis kann es also nur dann kommen, wenn sich der Mond bei den Phasen Neumond bzw. Vollmond genau in der Erdbahnebene[8] befindet. Dies passiert in regelmäßigen Abständen und macht das Eintreten einer Finsternis relativ leicht berechenbar.

Finsternisse 2012

Die Finsternisse des Jahres 2012 fallen für Mitteleuropa dürftig aus. Im Jahre 2012 gibt es eine ringförmige sowie eine totale Sonnenfinsternis. Weiters gibt es eine partielle Mondfinsternis und eine Halbschatten Mondfinsternis. Alle oben aufgeführten Finsternisse sind von Mitteleuropa aus nicht zu beobachten mit Ausnahme eines Teils der Halbschatten Mondfinsternis, der aber nur von Spezialisten bemerkbar sein wird.

Vom 20 zum 21. Mai 2012 gibt es eine ringförmige Sonnenfinsternis. Dabei steht der Mond in Erdferne und ist deshalb zu klein um die gesamte Sonnenscheibe abzudecken. Man wird die Finsternis in einigen westlichen Bundestaaten der USA sehen können, die Maximaldauer beträgt etwas mehr als 5 Minuten. Der Verfinsterungsgrad beträgt 0,94, d.h. 94% der Sonnenscheibe werden vom Mond abgedeckt. Die Finsternis beginnt am 20. Mai um 21 Uhr 57 Min MEZ, die Mitte wird am 21. Mai um 0 Uhr 57 MEZ erreicht und der Mond gibt die Sonne wieder ganz frei um 3 Uhr 49 Min MEZ.

Am 4. Juni 2012 gibt es eine partielle Mondfinsternis die von Mitteleuropa aus nicht zu sehen sein wird. Die Mitte der Finsternis findet um 12 Uhr 03 Min MEZ statt, wobei aber nur 37 % der Mondscheibe in den Erdschatten gerät.
Die nächste Finsternis des Jahres 2012 ist wieder eine totale Sonnenfinsternis und zwar vom 13. auf den 14. November. Die Finsterniszone verläuft über Teile des südpazifischen Ozeans. Der Verfinsterungsgrad beträgt 1,05, die maximale Dauer der Verfinsterung beträgt 4 Minuten 22 Sekunden. Die Finsternis beginnt um 20 Uhr 37 Minuten, die maximale Verfinsterung tritt um 23 Uhr 11 Minuten MEZ ein, das Ende der partiellen Phase um 1 Uhr 45 Minuten.
Am 28. November gibt es eine von Mitteleuropa aus sichtbare partielle Halschatten Mondfinsternis. Diese wird man allerdings als Laie kaum bemerken, da die Mondscheibe nur ganz leicht durch den Halbschatten der Erde abgedunkelt wird. Außerdem ist von Mitteleuropa aus nur mehr das Ende der Finsternis zu sehen. Der Mond beginnt bereits um 13 Uhr 14 Min MEZ in den Halbschatten der Erde einzutreten. Das Maximum wird um 15 Uhr 33 Min MEZ erreicht, das Ende dann um 17 Uhr 52 Min MEZ.
Von den Finsternissen her ist also das Jahr 2012 wenig spektakulär.

8.3 Besondere Stellungen der Planeten 2012

Erdnähe, Erdferne

In der Tabelle Abb. 100 sind die größten und kleinsten Entfernungen der Planeten zur Erde für das Jahr 2012 angegeben.

Planet	Erdnähe	Erdferne
Merkur	25.3	30.1.
	25.7	26.5
	17.11	17.9
Venus	6.6.	1.4.
Mars	5.3.	-
Jupiter	1.12.	15.5.
Saturn	15.4.	25.10.
Uranus	28.9.	25.3.
Neptun	24.8.	20.2.

Abb. 110

Knotendurchgänge

In der Tabelle Abb. 111 unten ist der Knotendurchgang der Planeten für 2012 angegeben. Knotendurchgang bedeutet den Zeitpunkt wo sich der Planet in seiner zur Erdbahn etwa geneigten Bahn genau in der Ebene der Erdbahn aufhält.

Merkur	7.1, 26.2, 24.5, 20.8., 16.11.
Venus	16.2, 6.6., 27.9.
Mars	24.7.
Jupiter	9.11.
Saturn	13.2.

Abb. 111

Für die Planeten Uranus und Neptun gibt es 2012 keinen Knotendurchgang.

Konjunktionen

Als Konjunktionen bezeichnet man nahe Begegnungen von zwei Planeten am Himmel. Das bedeutet nicht, dass sie wirklich nahe beieinander stehen, sondern nur von uns als Beobachter auf der Erde entsteht dieser Eindruck. Am 1. Juni 2012 steht Merkur nur 11 Bogenminuten nördlich von Venus, am 8.2. steht Merkur nur 18 Bogenminuten nördlich von Mars, am 22.5. 24 Grad nördlich von Jupiter, am 6.10. 3 grad südlich von Saturn. Venus steht am 15.3. 3 Grad nördlich von Jupiter und am 27.11. 33 Bogenminuten südlich von Saturn. Mars steht am 17.8. fast drei Grad südlich von Saturn. Wirklich spektakulär am Himmel wird nur die enge Begegnung zwischen den beiden hellsten Planeten Venus und Jupiter am 15.3. am Abendhimmel sein, sowie ihre Begegnung mit Saturn am 27.11., die man in den frühen Morgenstunden sehen kann.

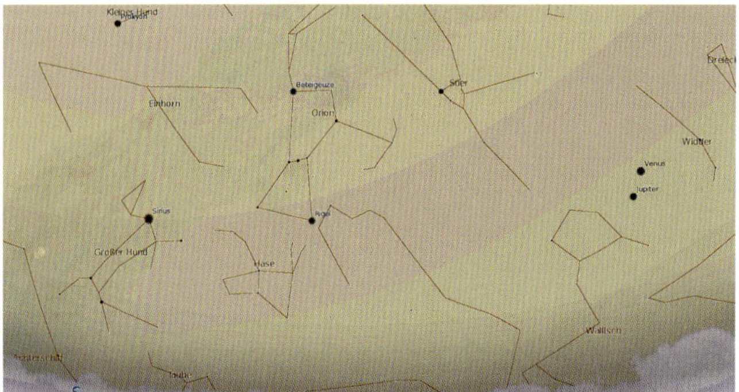

Abb. 112: Die Konjunktion zwischen den beiden hellsten Planeten Venus und Jupiter am 15. März 2012. Anblick am Abendhimmel um 20 Uhr.

Weltuntergang 21.12.2012

Der 21.12. 2012 markiert den Beginn des Winters. Um 20 Uhr 12 Min MEZ steht die Sonne am tiefsten. Am Abendhimmel des 21. Dezember 2012 erkennen wir den hellen Jupiter in Sternbild Stier (Taurus), sowie den Mond nach dem ersten Viertel im Sternbild Fische.

Abb. 113: Der Abendsternenhimmel am 21. Dezember 2012 um 20 Uhr. Der Riesenplanet Jupiter leuchtet als hellster Stern im Sternbild Stier (Taurus), nahe dessen Hauptstern Aldebaran der sich im offenen Sternhaufen der Hyaden befindet. Der Mond steht etwas mehr als zur Hälfte beleuchtet im Sternbild der Fische.

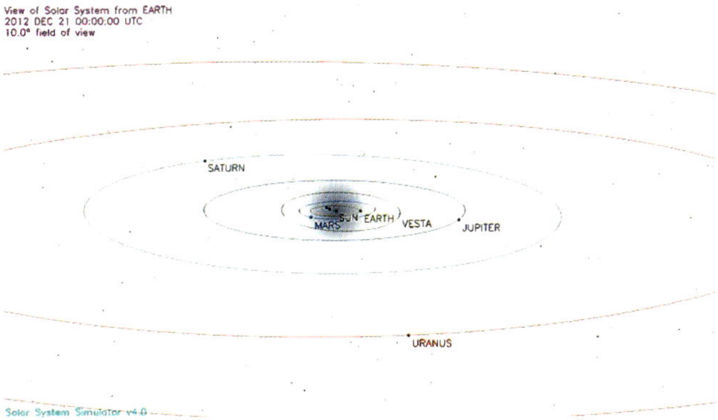

Abb. 114: Das Sonnensystem am 21. Dezember 2012. Von oben gesehen stehen die Planeten nicht in einer Linie.

Fazit: Astronomisch gesehen ist das Jahr 2012 nichts Besonderes. Weder gibt es spektakuläre Finsternisse noch spektakuläre Begegnungen der Planeten. Konjunktionen der beiden hellsten Planeten Venus und Jupiter wiederholen sich immer wieder. Die nächste Konjunktion gibt es am 28.5.2014 und dann am 18.8. 2014.

Fußnoten

1: Isotope sind Elemente mit gleicher Ladungszahl aber unterschiedlicher Neutronenzahl.

2 Swami Sivananda: Sadhana. Mangalam Verlag, S. Schang, Lautersheim 1998, ISBN 3-922477-07-0, S. 404 f.

3 Denise Cush, Catherine Robinson, Michael York (Hrsg.): Encyclopedia of Hinduism. Routledge, London 2008

4 Ein Mittel, das in der Epilepsiebehandlung und zur Narkosevorbereitung verwendet wird

5 Temperaturen werden meist in Grad Kelvin (K) angegeben. Der Nullpunkt der Kelvin Skala liegt bei -273 Grad Clesius.

6 SOHO steht für Solar and Heliospheric Observatory; ESA ist die European Space Agency, Europäische Weltraumbehörde, NASA ist die US-amerikanische Weltraumbehörde.

7 Auch als H-Alpha Linie bezeichnet, bei einer Wellenlänge von 656,3 nm. Sie entsteht beim Übergang vom Niveau 3 auf das Niveau 2 des Elektrons eines Wasserstoffatoms.

8 Diese nennt man auch Ekliptik,
vom griech. Eklipsis = Finsternislinie

Literatur:

Arnold Hanslmeier,
Einführung in Astronomie und Astrophysik, Spektrum Verlag

Arnold Hanslmeier,
Water in the Universe, Springer Verlag

Arnold Hanslmeier,
Habitability and Cosmic Catastrophes, Springer Verlag